最新バージョンに完全対応

The Best Guide to Zoom
for Beginners and Learners.

Zoom やさしい教科書

わかりやすさに自信があります!

相川 浩之

SB Creative

本書の掲載内容

本書は、2021年10月21日の情報に基づき、Zoomの操作方法について解説しています。また、本書ではWindows版のZoomの画面を用いて解説しています。ご利用のZoomのOSのバージョン・種類によっては、項目の位置などに若干の差異がある場合があります。あらかじめご了承ください。

本書に関するお問い合わせ

この度は小社書籍をご購入いただき誠にありがとうございます。小社では本書の内容に関するご質問を受け付けております。本書を読み進めていただきます中でご不明な箇所がございましたらお問い合わせください。なお、ご質問の前に小社Webサイトで「正誤表」をご確認ください。最新の正誤情報を下記のWebページに掲載しております。

本書サポートページ https://isbn2.sbcr.jp/12801/

上記ページに記載の「正誤情報」のリンクをクリックしてください。
なお、正誤情報がない場合、リンクをクリックすることはできません。

ご質問送付先

ご質問については下記のいずれかの方法をご利用ください。

Webページより

上記のサポートページ内にある「お問い合わせ」をクリックすると、メールフォームが開きます。要綱に従ってご質問をご記入の上、送信ボタンを押してください。

郵送

郵送の場合は下記までお願いいたします。

〒106-0032
東京都港区六本木2-4-5
SBクリエイティブ　読者サポート係

はじめに

本書はZoomがゼロから理解できるようにZoomの基本操作を紹介したものです。Zoomとは、インターネットを通じて遠隔の相手とビデオ会議やチャットを行う通話ソフトです。ビデオ会議ではただ話すだけではなく、画面の共有を行ったり、ホワイトボードを使って説明したり、通話をしながら相手にファイルを送信したりできるなど、便利な機能が揃っています。昨今のテレワーク拡大により、Zoomをビジネスに取り入れる企業も増えました。また、ウェビナーやオンライン授業など、ビジネスに限らずセミナーや学校の授業でも取り入れられています。このようなZoomを使うことを前提にしたオンラインイベントが世界中で広く浸透してきました。しかし、いきなりZoomを使うと言われても「使い方がわからない」「ビデオ会議をはじめるには何が必要なの？」といったZoomの操作についての初心者の方も多いことでしょう。また、「ビジネスですでに使っているけれど、ほかに何ができるのか知りたい」といったような人もいるかと思います。

Zoomでは、自分がビデオ会議の開催者（ホスト）か、参加者かによってできる操作が異なります。とくにホスト側になると様々な権限を持っているのですが、どうしたらよいかわからないといったこともあります。入室許可の仕方がわからずにビデオ会議を開始することができない、といったことになりかねません。

本書では、「何からはじめればよい？」といったZoomの基礎から開始して、ミーティングでの操作方法や自分がホストになった場合の操作をおさえていきます。さらに便利にZoomを使うことができる活用ワザ・便利ワザも多くご用意いたしました。もちろんスマートフォンやタブレットで使うことができるアプリ版のZoomの操作も紹介しています。

1章のZoomのアカウント作成から丁寧に手順解説に沿って進めていけばZoomの操作を行うことができるようになるでしょう。また、初心者でもわかりやすいように、手順を途中で簡略化せず1つひとつ紹介しているので簡単に学ぶことができます。とくにこの書籍では、ビジネスなどの日常業務にフォーカスをあてて解説をしているので、仕事で使う本当に必要な操作を詳しく知ることができます。また、そのほかの細かい操作についてもMemoやHintとして紹介しています。

いきなりZoomのすべてを覚えようとしなくてかまいません。まずは、ビジネスに必要最低限の操作を覚えてから、徐々に便利なワザを覚えていきましょう。本書で勉強すれば、自然とZoomの操作が身に付いていくはずです。その手助けをできるように、少しでも役立てば幸いです。

2021年10月

相川浩之

本書の使い方

- 本書では、Zoomをこれから使う人を対象に、ビデオ会議の基本から、ホスト、参加者の利用方法、活用ワザ・便利ワザ、困ったときのQ&Aまで、画面をふんだんに使用して、とにかく丁寧に解説しています。
- Zoomが備える多彩な機能を網羅的に幅広く、わかりやすい操作手順で紹介しています。ページをパラパラとめくって、自分の業務や使い方に必要な機能を見つけてください。
- 本編以外にも、MemoやHintなどの関連情報やショートカットキー一覧など、さまざまな情報を多数掲載しています。お手元に置いて、必要なときに参照してください。

紙面の構成

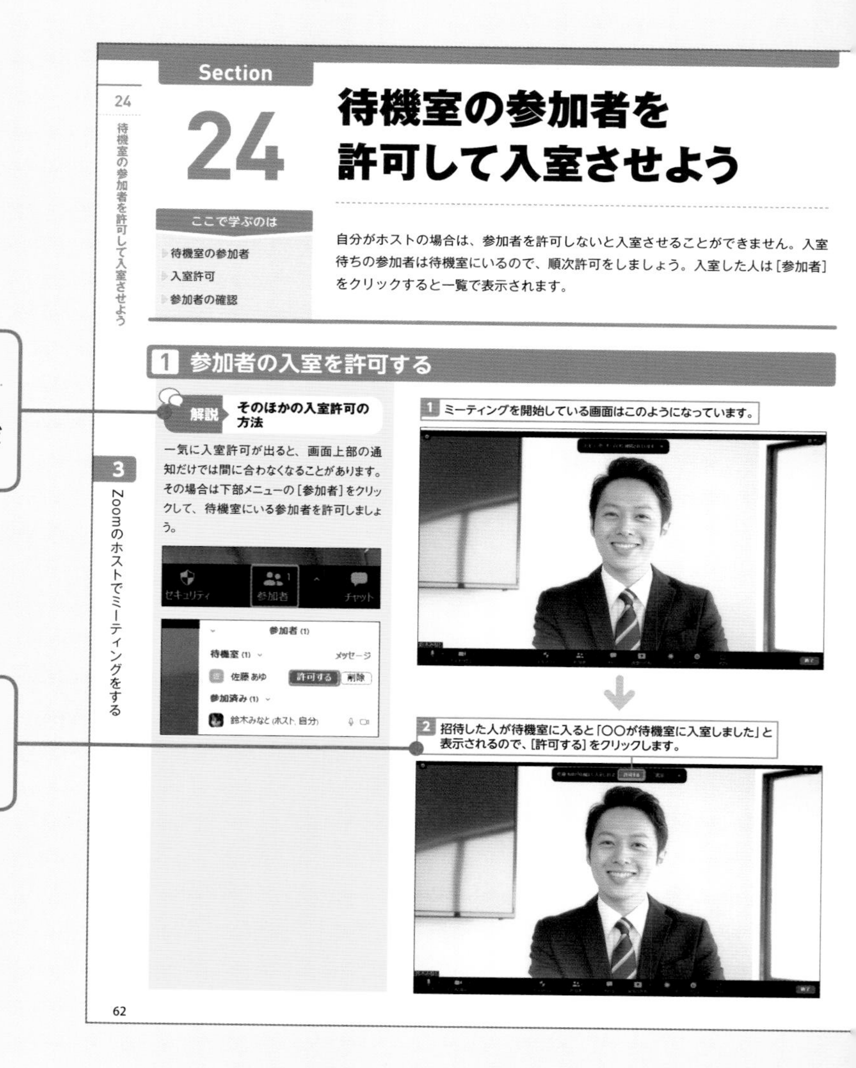
Section 24

待機室の参加者を許可して入室させよう

ここで学ぶのは
- 待機室の参加者
- 入室許可
- 参加者の確認

自分がホストの場合は、参加者を許可しないと入室させることができません。入室待ちの参加者は待機室にいるので、順次許可をしましょう。入室した人は［参加者］をクリックすると一覧で表示されます。

1 参加者の入室を許可する

解説 そのほかの入室許可の方法

一気に入室許可が出ると、画面上部の通知だけでは間に合わなくなることがあります。その場合は下部メニューの［参加者］をクリックして、待機室にいる参加者を許可しましょう。

1 ミーティングを開始している画面はこのようになっています。

2 招待した人が待機室に入ると「〇〇が待機室に入室しました」と表示されるので、［許可する］をクリックします。

24 待機室の参加者を許可して入室させよう

3 Zoomのホストでミーティングをする

62

解説

各項目の操作の内容を解説しています。操作手順の画面とあわせてお読みください。

操作手順

具体的な操作内容の説明です。番号順に操作してください。

効率よく学習を進める方法

1 まずは全体をながめる	第1章～第2章でZoomを始める準備と基本をマスターできます。また、第3章～第4章でホストの時の使い方や便利ワザ、第5章でスマートフォンでの使用、第6章で困ったときの対処法をマスターできます。
2 実際にやってみる	気になった項目は、紙面を見ながら操作手順を実践してみましょう。本書ではZoomでできることや、効率化につながるテクニックを多数掲載しています。実際に試して、自分に合ったワザを取り入れてください。
3 リファレンスとして活用	一通り学習し終わった後も、本書を手元に置いてリファレンスとしてご活用ください。MemoやHintなどの関連情報もステップアップにお役立てください。

Hint

セクションで解説している機能・操作を、より使いこなすヒントを掲載しています。

Memo

セクションで解説している機能・操作に関連する知識を掲載しています。

本書では他にも以下の情報を用意しています。

ショートカットキー

マウス／タッチパッドの操作

クリック

画面上のものやメニューを選択したり、ボタンをクリックしたりするときに使います。

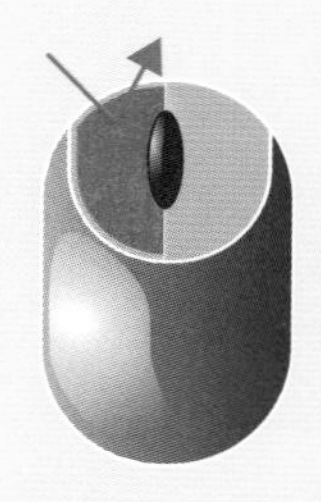

左ボタンを 1 回押します。

左ボタンを 1 回押します。

右クリック

操作可能なメニューを表示するときに使います。

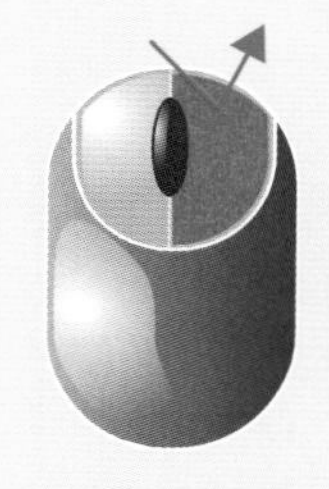

右ボタンを 1 回押します。

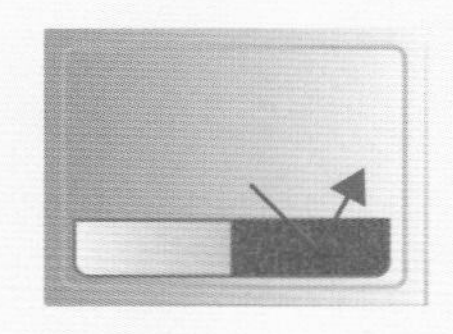

右ボタンを 1 回押します。

ダブルクリック

ファイルやフォルダーを開いたり、アプリを起動したりするときに使います。

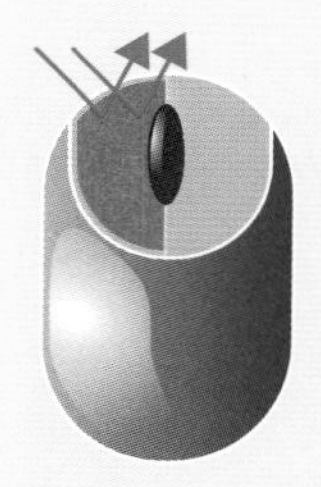

左ボタンを素早く 2 回押します。

左ボタンを素早く 2 回押します。

ドラッグ

画面上のものを移動するときに使います。

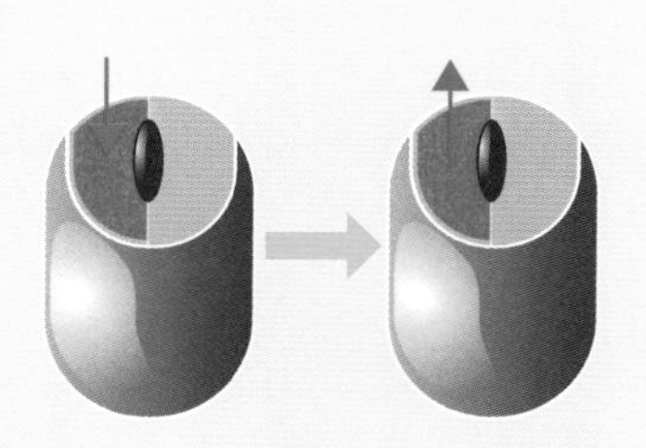

左ボタンを押したままマウスを移動し、移動先で左ボタンを離します。

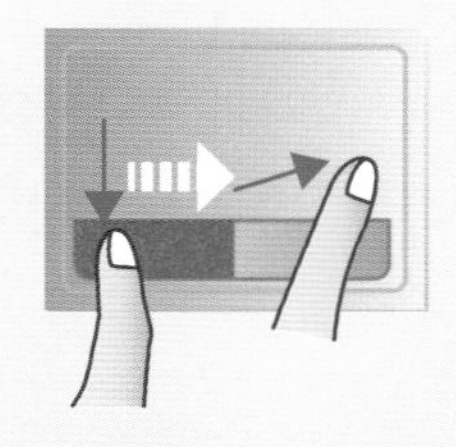

左ボタンを押したままタッチパッドを指でなぞり、移動先で左ボタンを離します。

よく使うキー

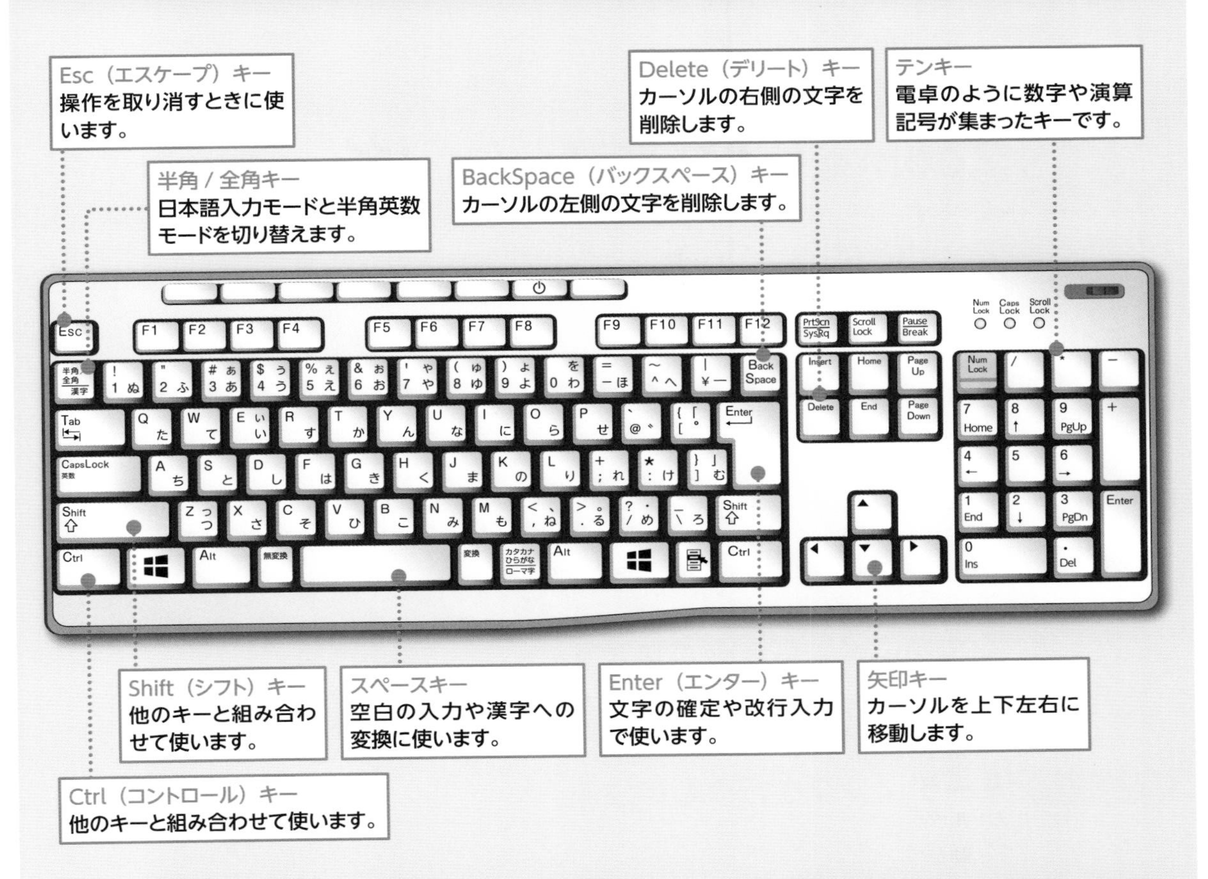

ショートカットキー

複数のキーを組み合わせて押すことで、特定の操作を素早く実行することができます。本書中では ○○ ＋ △△ キーのように表記しています。

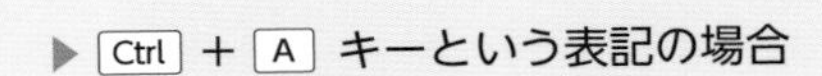

▶ Ctrl → Shift → Esc キーという表記の場合

CONTENTS

第 1 章

Zoomを始める準備

Zoomは、パソコンやスマートフォン、タブレットで利用できるビデオ会議ツールです。複数人でのビデオ通話や、メッセージのやり取りなどを行えます。この章では、アカウントの作成方法や用意すべき機材など、これからZoomを始めるための準備について紹介します。

Section

01 Zoomとは?

ここで学ぶのは

- Zoom
- ミーティング
- ホスト

Zoomは、パソコンやスマートフォン、タブレットで利用できるビデオ会議ツールです。複数人の同時参加が可能で、機能や操作がビジネス用途に最適化されているので、はじめてビデオ会議を行う方でも簡単に利用できます。ビデオ会議機能のほかにも、チャット機能などがあります。

1 ビデオ会議ツール Zoom とは？

ミーティング

Zoomは、ミーティングと呼ばれるビデオ会議をすることができ、ビジネスシーンやオンライン授業などで広く活用されています。ミーティングには最大100人が参加できます。

チャット

Zoomにはチャット機能もあります。ミーティング中にチャットを送信できるので、会議内容のメモやURLなどの情報を共有したい場合に利用できます。

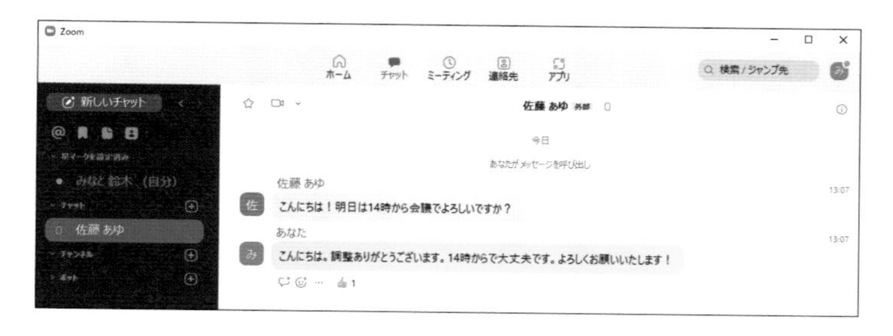

Memo ミーティングとは

Zoom上で複数人で行うインターネットを使ったビデオ会議のことです。多くの場合、カメラとマイクを利用して、相手の顔を見ながら通話を行います。近年では、プライベートな用途だけではなく、ビジネスでも使われるようになりました。昨今ではテレワークに必要なものの1つとして人気があります。

解説 確実に情報を伝えたい時に使えるチャット

チャットはテキストを送受信できる機能です。Zoomを利用しているとURLやメールアドレス、住所といった情報を確実に伝えたいときがあり、その際にチャットは役立ちます。また、画像などのファイルの送受信も可能です。

2 Zoomの構成

ミーティングルームとは

ビデオ会議はホストが作成するミーティングルームで行われます。ミーティングルームには、ミーティングID、パスワード、URLが設定されています。

ホストとは

ホストは、基本的にはミーティングの主催者がその立場となり、ホストにのみ、招待URLの取得やミーティングの終了などの権限があります。なお、ホストは別の参加者へ譲渡することも可能です。

Zoomは、Zoomのアカウントを取得しているホストがミーティングルームを立ち上げ、招待URLを送信し、その招待URLを受け取った人が参加することで、ミーティングが開始されます。

ホスト

Zoomのミーティングの主催者でさまざまな権限を持っています。

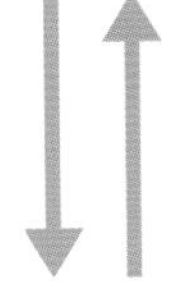

招待URLを送る

招待URLをクリックして参加する

参加者

Zoomのミーティングに参加する人のことを参加者といいます。ホストより一部の操作の制限があります。なお、Zoomではパソコンのほかにタブレットやスマートフォンでもミーティングに参加できます。

パソコン

タブレット

スマートフォン

Hint 無料プランと有料プランの違い

Zoomには、無料プランと有料プランがあります。無料の基本プランでは、1対1のミーティングを時間無制限で利用することができますが、3人以上でグループミーティングを行う場合には、利用時間が最大40分までとなる制限があります。有料のプロプランでは最大24時間、ビジネスプランや企業プランでは無制限で、グループミーティングの利用が可能です。

Memo Zoomが利用できる環境

Zoomには、Webブラウザー版、デスクトップ版（Windows／Mac）、アプリ版（iPhone／Androidスマートフォン／iPad）の3種類があります。本書では、デスクトップ版Zoomを中心に、iPhoneアプリ版Zoom、Androidスマートフォンアプリ版Zoomの使い方を紹介します。なお、Webブラウザー版は本書では紹介しませんが、デスクトップ版に比べてやや動作が遅かったり、通知を受け取ることができなかったりなどの制限があります。できるならデスクトップ版での使用をおすすめいたします。

Section 02

Zoomのアカウントを登録しよう

ここで学ぶのは

- Zoomのアカウント登録
- サインアップ
- サインイン

Zoomで会議を主催し相手を招待するには、アカウントの作成が必要です。アプリをインストールする前に、パソコンでアカウントを作成しておきましょう。
Zoomはクラウドベースのサービスなので、登録はZoomのWebサイトから行います。

1 Zoomのアカウントを登録する

Memo アカウントがなくても利用はできる

Zoomのアカウントを持っていない場合でも、ホストが作成した招待URLがあればミーティングに参加できます。ただし、ミーティングのホストになることや、ほかの参加者を招待することなどはできません。

Hint サインアップのメールアドレス

手順4で入力したメールアドレスに、アカウントを利用するためのURLが送信されます。GmailやYahoo!メールなどパソコンやスマートフォンなどで確認できるメールアドレスを使用することで、アカウントの設定がスムーズに行えるためおすすめです。また、このアドレスにミーティング通知などが届くようになります。

1 Webブラウザーで、Zoomのトップページ（https://zoom.us/）にアクセスし、画面右上の［サインアップは無料です］をクリックします。

2 誕生日を設定し、

3 ［続ける］をクリックします。

4 メールアドレスを入力し、

5 ［サインアップ］をクリックして、メールを送信します。

Hint 表示されない場合

手順7の「アカウントをアクティベート」が表示されなかったり、クリックしても画面が変化しない場合は、メールに記載されているURLをクリックすると、手順8の画面が表示されます。

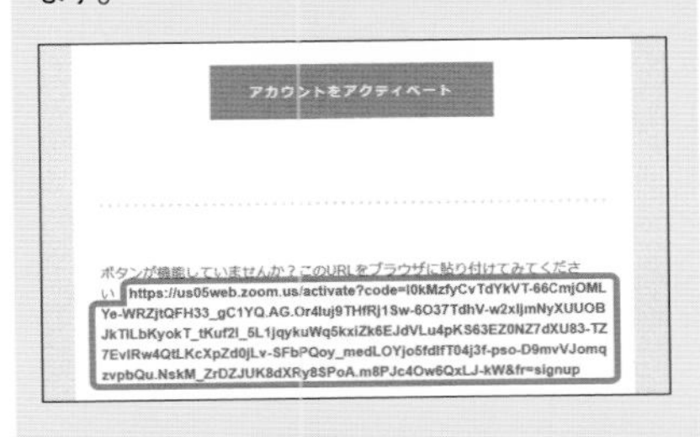

Hint Zoom 画面に表示される名前

手順8で入力した名前が、Zoom画面に表示されます。

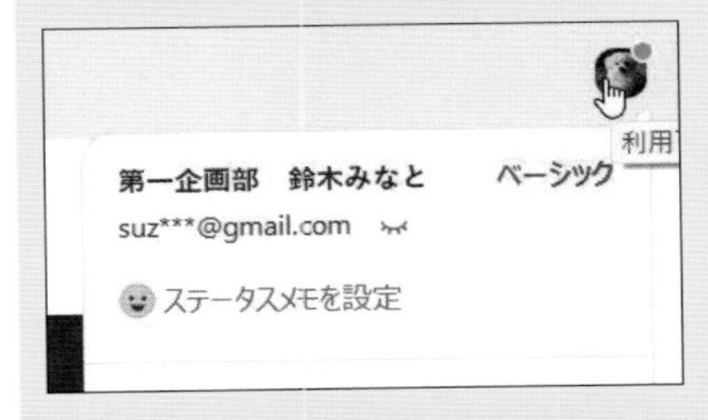

Memo アカウント作成以降のサインイン

アカウントの作成以降は、Zoomのトップページの右上にある［サインイン］をクリックし、P.18手順4で入力したメールアドレスと、P.19手順8で入力したパスワードを使ってサインインできます。

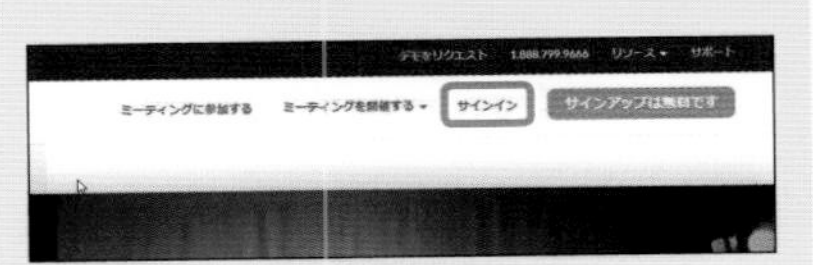

6 受信した「Zoomアカウントをアクティベートしてください」という件名のメールを開きます。

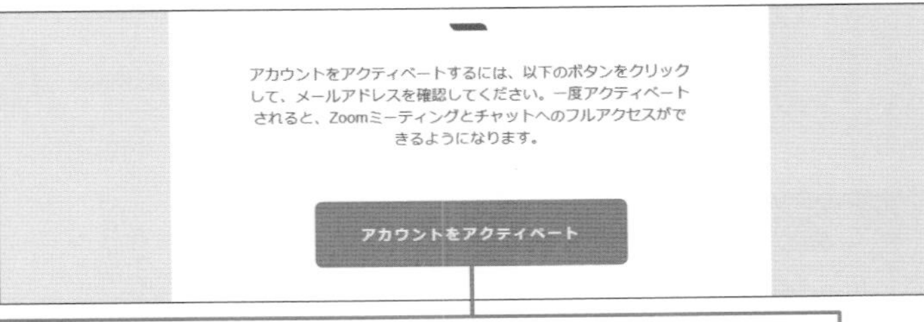

7 メール本文にある［アカウントをアクティベート］をクリックします。

8 「Zoomへようこそ」画面が表示されます。名前とパスワードを入力し、

9 ［続ける］をクリックします。

10 「仲間を増やしましょう。」画面が表示されるので、ここでは［手順をスキップする］をクリックします。「テストミーティングを開始。」画面が表示されると、アカウント作成が完了します。

Section 03

Zoomアプリをインストールしよう

ここで学ぶのは
- Zoomアプリ
- インストール方法
- アプリでのサインイン

Zoomアカウントを作成したら、パソコンにZoomアプリをインストールしましょう。アプリをインストールするには、ZoomのWebページからインストーラーファイルをダウンロードする必要があります。

1 Zoomアプリをインストールする

Memo 手動でダウンロードする

インストーラーファイルを手動でダウンロードする場合は、ZoomのWebページ（https://zoom.us/）の画面上部にある「リソース」にマウスカーソルを合わせ、「Zoomをダウンロード」をクリックし、「ミーティング用Zoomクライアント」の［ダウンロード］をクリックします。

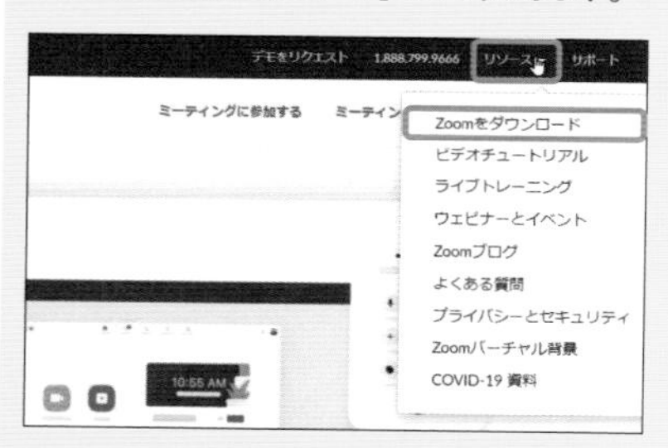

Memo Microsoft Edgeの場合

Microsoft Edgeを利用している場合、ダウンロードしたインストーラーファイルは画面右上の「ダウンロード」に表示されます。ファイル名をクリックするとZoomのインストールが開始します。

1 P.19手順10で［手順をスキップする］をクリックして「テストミーティングを開始。」画面を表示し、［Zoomミーティングを今すぐ開始］をクリックします。

2 ［今すぐダウンロードする］をクリックすると、Zoomアプリをパソコンにインストールすることができるインストーラーファイルのダウンロードが開始されます。

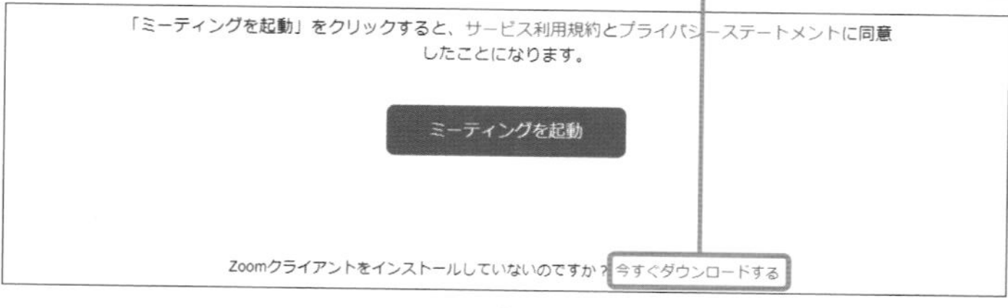

3 Google Chromeのブラウザーならダウンロードしたインストーラーファイルが画面下部に表示されるので、クリックします。

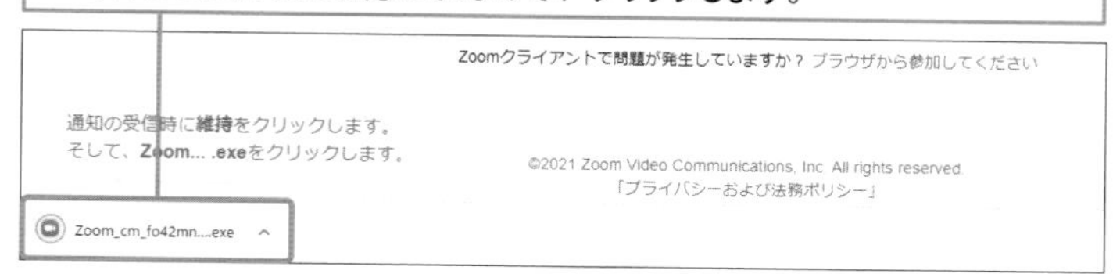

Hint アップデートの確認方法とインストール

Zoomアプリを起動し、画面右上のアカウントアイコンをクリックし、[アップデートの確認]をクリックすると、現在利用しているアプリが最新版であるか確認できます。最新版ではない場合、アップデートがはじまり、インストールすることができます。常に最新版にしておくことでセキュリティの安全性も高まり、新しい機能が使えることもあります。

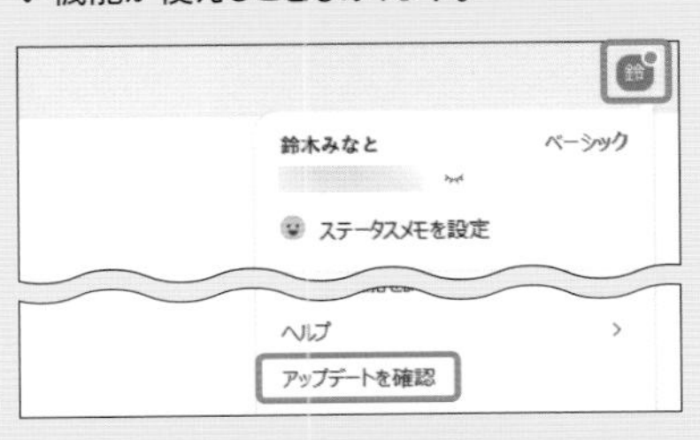

4 Zoomがインストールされます。

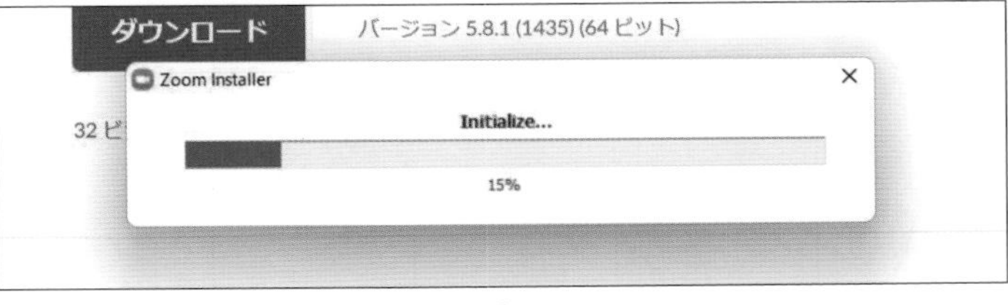

5 [ミーティングに参加] をクリックすると、Zoomアプリでミーティングが開始されます。

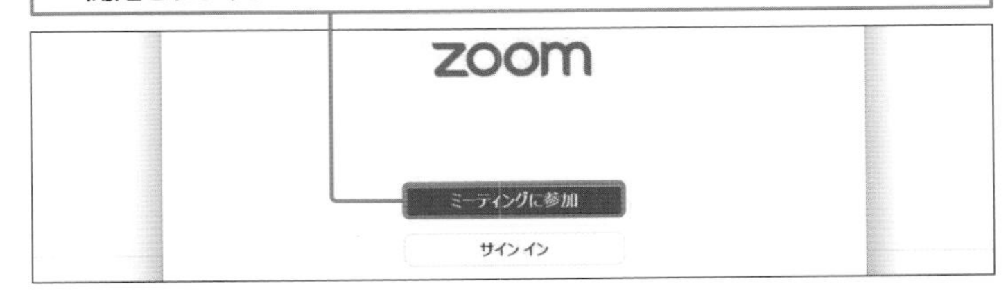

2 Zoom アプリにサインインする

Memo Zoom アプリのサインイン画面

Zoomアプリを起動すると、右図のようなZoomアプリのサインイン画面が表示されます。P.18手順4で入力したメールアドレスと、P.19手順8で入力したパスワードを使ってサインインします。

Hint 次でのサインインを維持

手順2の画面で下の[次でのサインインを維持]をクリックしてチェックを付けてからサインインをすると、次回以降はメールアドレスとパスワードを入力しなくてもサインインすることができます。

なお、共用のパソコンを使っている場合、個人や会社の機密情報流出の恐れがあるので、チェックは入れないでおきましょう。

1 [サインイン] をクリックします。

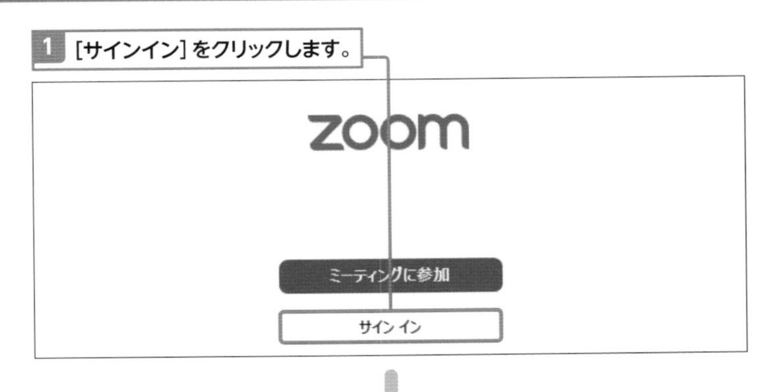

2 メールアドレスとパスワードを入力し、

3 [サインイン] をクリックします。

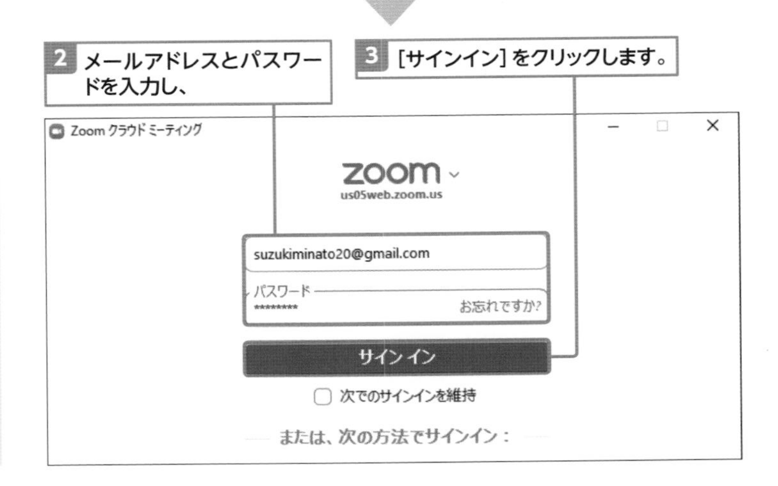

Section

04 Zoomに必要な機材とは?

ここで学ぶのは

- 必要な端末
- Web カメラとマイク
- ネット接続サービス

Zoomでミーティングを行う場合は、パソコンやタブレット、スマートフォンといった端末のほかにも、インターネット接続環境が必要になります。とくに、パソコンでZoomを利用する場合には、Webカメラや音声用のマイク、スピーカーも必須です。この節で足りないものはないかチェックをしておきましょう。

1 Zoom に必要な機材

Zoomを利用するには、パソコンやタブレット、スマートフォンといった端末が必要です。スマートフォンやタブレットの場合は、すでにマイクやスピーカーが利用できる状態であるため、インターネット回線があればすぐに利用を開始できます。

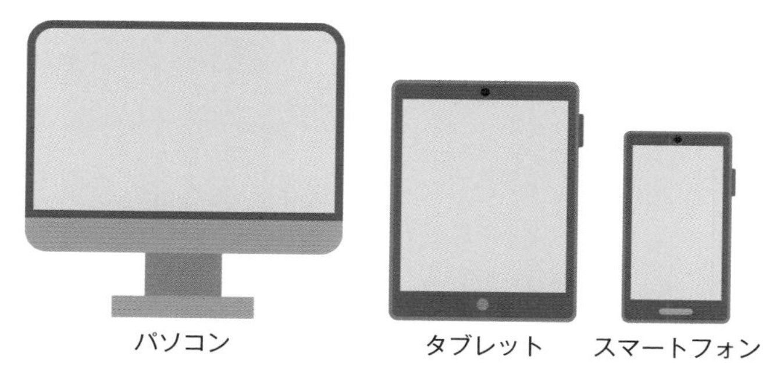

パソコンにカメラやマイクが付いていない場合は、Webカメラやヘッドセットを用意しましょう。
なお、パソコンに付いているスピーカーではミーティングの声がうまく聞き取れないという場合でも、ヘッドセットを利用することによって、より聞き取りやすくなる可能性があります。

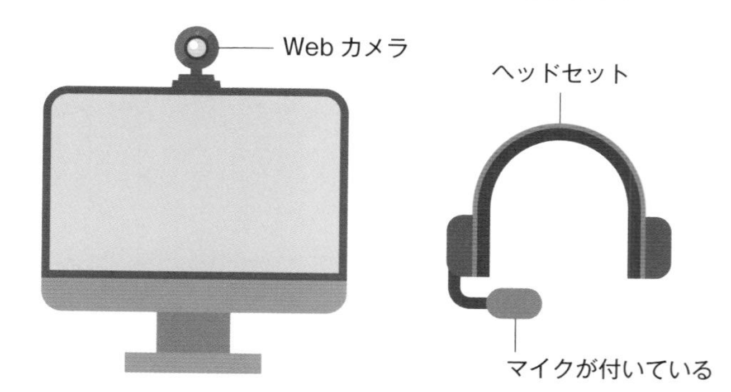

Hint Zoom アプリ

スマートフォンやタブレットなどの端末でZoomを利用する場合、Zoom アプリを端末にインストールする必要があります(P.114～117参照)。

Hint コードレスで接続する

パソコンに接続するイヤホンやヘッドセットはコードレスのものを利用すると、机の上を整理しやすく快適です。コードレスのイヤホンやヘッドセットはBluetoothでパソコンと接続します。最近のコードレスイヤホンなどはクリアに音が聞こえ高性能です。なお、コードレスはケーブルで繋いでいないため充電式となっています。Zoom使用中の電池切れなどには注意しましょう。

2 Zoomに必要な環境

ネットの通信環境が悪いとミーティング中に音声や映像が途切れるといったことが起こります。インターネットの環境はできるだけ安定した固定回線を用意できると安心です。
高速な固定回線としては光回線などのネット接続サービスがあり、各通信会社によってさまざまなプランがあります。以下におすすめの光回線を紹介します。

FLET'S光

https://flets.com/

NTTが提供する光回線です。対象範囲が広範囲なのが特徴で、日本全国のほとんどの人が申し込めるのが利点です。

SoftBank光

https://www.softbank.jp/ybb/special/sbhikari-01/

ソフトバンクが提供する光回線です。FLET'S光と同品質の高速回線が特徴です。なお、ソフトバンクの携帯電話を利用していると、セットで料金割引が受けられます。

NURO光

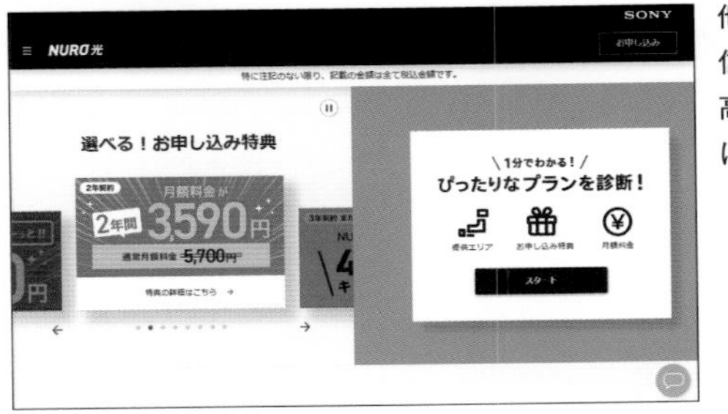

https://www.nuro.jp/hikari/

他の光回線とは異なる通信規格を使っており、超高速のネット通信を可能にしています。

Hint モバイル回線を利用する方法

携帯電話会社が提供するモバイル回線にパソコンを接続することでも、Zoomを利用できます。ただし、モバイル回線を利用する際は、通信データ量に気を付けましょう。データ量がかさみ、思わぬ金額になってしまうことがあります。

Memo どこの回線を選べばよい?

様々なネット接続サービスがあるので、どれを選べばよいか悩むことがあるかと思います。すぐに使いたい場合は、工事不要のサービスを選ぶとよいでしょう。また、自身の携帯電話で契約しているキャリア会社の回線も料金が割引になる場合もあるのでおすすめです。

Hint ミーティングに適した環境を作る

ミーティング中、表情が見えづらかったりする場合は、デスクライトなどを利用してパソコンの周りと部屋を明るくすると、映りがよくなります。

Section
05 ミーティングを行う際の注意

ここで学ぶのは
- ミーティング時の注意
- ダブルトーク
- パケット通信料

Zoomの利用にあたり、音声が不明瞭になりミーティングを中断せざるをえなくなったり、パケット通信料の発生によって思わぬ請求が来たりすることもありえます。ここでは、Zoomでミーティングを行う際に注意すべき点を紹介します。

1 ミーティングを行う際の注意

Memo ダブルトークとは

ビデオ会議などの場面で複数の人が同時に話し、声が重なってしまうことをダブルトークといいます。スピーカーから出る相手の声と自分の声が同時にマイクに入力されることにより、自分の声にもエコーキャンセラーが働いてしまい、声が途切れてしまいます。

Memo 接続している回線の確認

スマートフォンやタブレットなどの端末では、画面上部のナビゲーションバーに、接続している回線がアイコンで表示されます。接続の設定は、「設定」アプリから行います。

iPhone

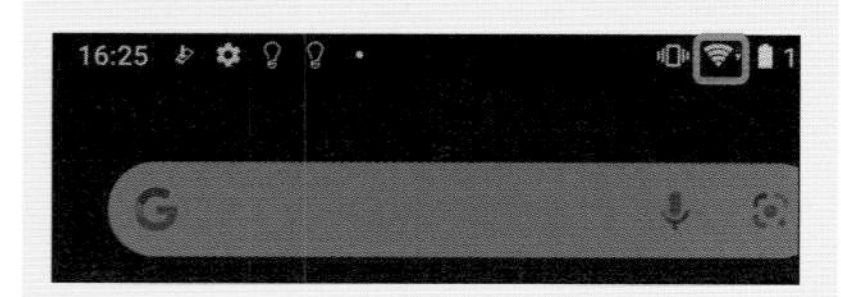

Android

同時に話さない

ミーティング中に複数人が同時に話すとダブルトークという現象が起こり、音声が途切れてしまいます。対処としては、同時に話すことを避ける、ミーティングに参加しているすべての人がイヤホンやヘッドセットを装着するなどがあげられます。

ほかの人の発言中は、スピーカーから出た音声がマイクに入力されないように音声を遮断します。

もしほかの人の発言中に自分も話してしまうと自分の声も遮断され、かつ、ほかの人には不明瞭に聞こえてしまいます。

パケット通信料に気を付ける

Zoomを利用する際に、スマートフォンのパケット通信でミーティングを行うと多額のパケット通信料が発生します。ミーティングを開始する際は、現在接続している回線を確認しましょう。できるなら固定回線を介したWi-Fi接続がおすすめです。

第 2 章

Zoomの基本

この章では、デスクトップ版Zoomの画面構成から、ミーティングに参加する方法、ミーティングで行えるさまざまな操作について解説をします。

なお、ここでは招待された場合での操作を中心に解説をしています。自分がホストになったミーティングについては第3章を参照してください。

Section 06 ホーム画面を確認しよう

ここで学ぶのは
- ホーム画面の構成
- チャット画面
- ミーティング画面

デスクトップ版のZoomを起動するとまず最初に下図のようなホーム画面が表示されます。まずはホーム画面について確認しましょう。タブを切り替えて表示されるそれぞれの画面についても解説をします。なお、スマートフォンのアプリでZoomを利用する際は、第5章を確認してください。

1 ホーム画面の構成を確認する

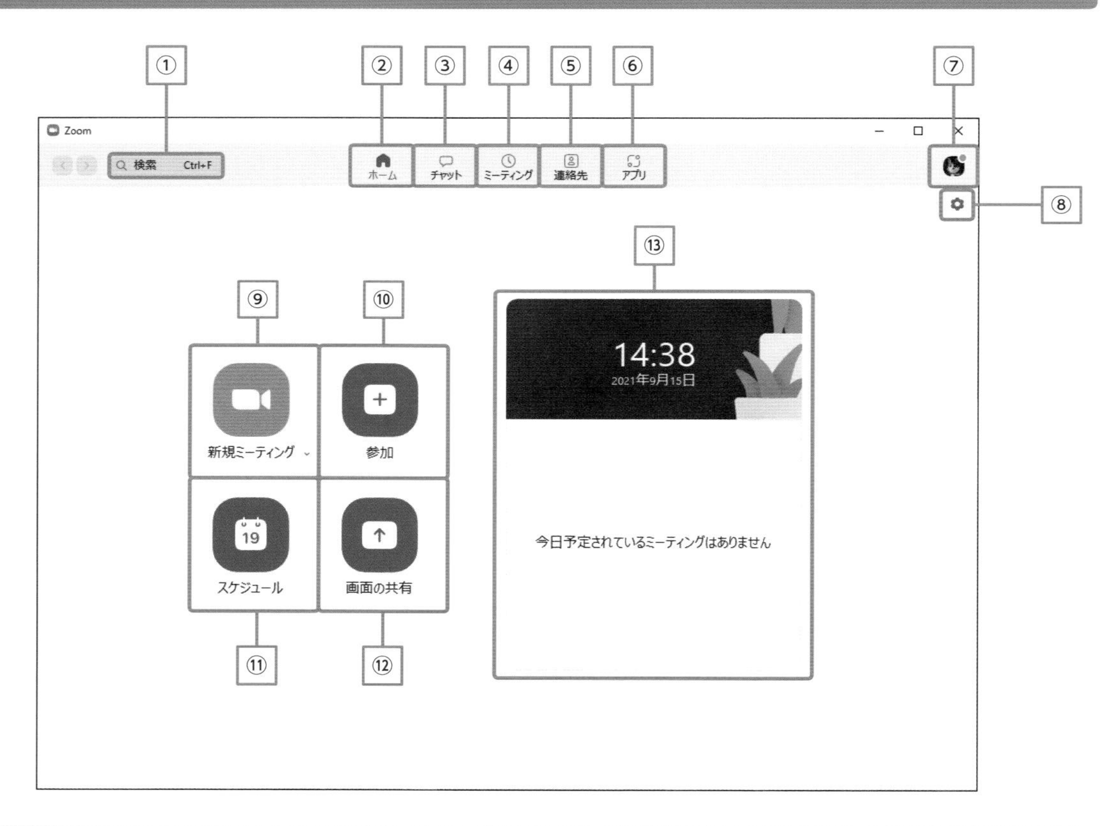

①	Zoom内を検索できます。	⑧	Zoomの設定画面に移動します。
②	ホーム画面に移動します。	⑨	新規ミーティングを作成します。
③	連絡先に追加したメンバーとチャットができます。	⑩	ミーティングIDを入力してミーティングに参加できます。
④	自分の予約したミーティングを確認できます。	⑪	予約したミーティングなどのスケジュールを確認できます。
⑤	連絡先を確認できます。	⑫	画面の共有ができます。
⑥	Zoomと連携したアプリを確認できます。	⑬	今日予定されているミーティングがある場合に予定が表示されます。
⑦	在席状況やアカウントの切り替えなどができます。		

2 各種画面の構成を確認する

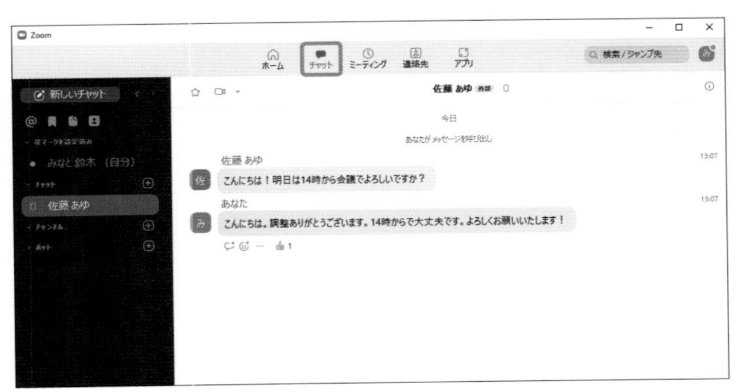

チャット画面

チャット画面では、連絡先に追加した相手やメールアドレスで指定した相手とチャットを行うことができます。

通話を行わずにチャットを行う場合はこの画面から行います。簡単な業務のやり取りやファイルの受け渡しのみなど、通話をしなくても済むような案件の場合はこちらを使うとよいでしょう。

Zoom
ホーム　チャット　ミーティング　連絡先　アプリ
次回　レコーディング済...
538 762 7172
マイ個人ミーティングID(PMI)
マイ個人ミーティングID(PMI)
開始　招待のコピー　編集
ミーティングへの招待を表示
次回のミーティングはありません
レコーディング済み
予約しているミーティング

ミーティング画面

ミーティングでは、自分のミーティングIDを確認したり、予約しているミーティングを確認することができます。

[レコーディング済み]をクリックすると、録画したミーティングを確認することができます。

Zoom
ホーム　チャット　ミーティング　連絡先　アプリ
連絡先　チャンネル
自分の連絡先
星マークを設定済み 0
外部連絡先 0
ボット 0
クラウド連絡先 0
左側のパネルの連絡先をクリックすることにより、連絡先情報を表示します。

連絡先画面

連絡先では、相手を連絡先に追加することができ、そこから簡単にミーティングの招待を送付することができます。

また、チャンネルを作成することもできます（P.102参照）。連絡先に登録した相手は、ミーティングの招待URLを送らなくてもZoomから直接呼び出しをかけることができます。

設定
一般
ビデオ
オーディオ
画面の共有
チャット
Zoom アプリ
背景とフィルター
レコーディング
プロフィール
Windows 起動時に Zoom を起動
閉じると、ウィンドウが最小化され、タスクバーではなく通知エリアに表示されます
デュアル モニターの使用
ミーティングの開始または参加するときに、自動的に全画面を開始
ミーティングの開始時に招待リンクを自動的にコピー
ミーティングコントロールを常に表示
ミーティングの退出時に確認をとるために問い合わせる
接続時間を表示
予定されているミーティングの 5 分前にお知らせてください
デバイスがロックされているときにマイビデオとマイオーディオを停止します
ZoomをOutlookと統合
リアクションスキントーン

設定画面

P.26の⑧をクリックして表示される設定画面では、Zoomに関する各種設定を行うことができます。ビデオやカメラ、チャットの通知、背景などの変更などさまざまな設定が確認できます。

Section 07

ミーティング画面を確認しよう

ここで学ぶのは
- ミーティング画面の構成
- ミーティングのテスト
- ミーティング画面の確認

実際にビデオ会議を行うミーティング画面から説明します。下図はミーティングの画面です。ミーティング中は画面の下部にメニューが表示され、ここからさまざまな操作を行うことができます。ビデオ会議はZoomの中心となる機能です。使いこなせるよう、しっかり確認しておきましょう。

1 ミーティング画面の構成を確認する

①	ミーティングの情報が表示されます。	⑦	チャット画面が表示されます。
②	表示方法を変更できます。	⑧	画面の共有を行うことができます。
③	ミーティング参加者の画面が表示されます。	⑨	ミーティングの録画ができます。
④	マイクのオン・オフや設定ができます。	⑩	反応を返すことができます。
⑤	カメラのオン・オフや設定ができます。	⑪	連携したアプリを呼び出したり、アプリと連携することができます。
⑥	ミーティングに参加している人を確認したり、ほかの人を招待できます。	⑫	ミーティングから退出します。

2 ミーティング前に自分でミーティング画面を確認する

Memo ここの手順でできること

[新規ミーティング]をクリックしていますが、右の手順で確認を行う場合、ミーティング画面に表示されるのは自分の画面のみです。

1 ホーム画面の[新規ミーティング]をクリックします。

2 [コンピューターでオーディオに参加]をクリックします。

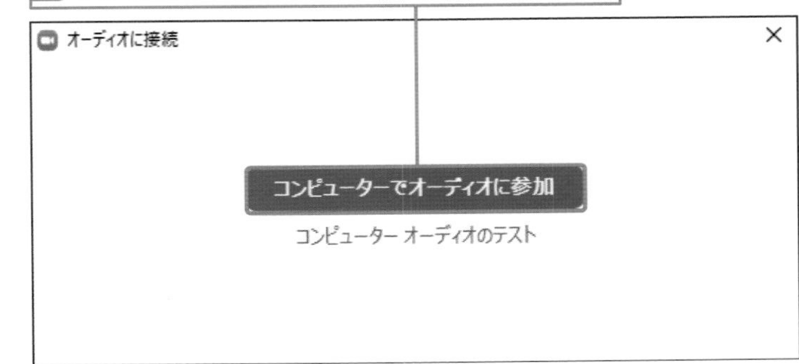

Memo 画面の確認をする

画面を確認する際には、カメラの映っている場所や背景に変なものが映っていないか確認しておきましょう。また顔映りが暗くないかどうかや、カメラそのものがしっかり機能しているかも確認しておきましょう。

3 ミーティング画面が表示され、確認を行うことができます。

4 終わる場合は、[終了]をクリックします。

Memo セキュリティ

自分でミーティングルームを作成すると、下のメニューに[セキュリティ]が追加されます。これは、参加者やミーティングの操作権限を変更するためのものです。詳しくは第3章を参照してください。

Section 08

招待からミーティングに参加しよう

ここで学ぶのは

- 招待メールの受け取り
- ホストの入室許可
- ミーティングの開始

ビデオ会議を行う相手からZoomのミーティングへの招待を受け取ったら、ミーティングに参加してみましょう。メールなどで受け取ったURLからアクセスします。自身が参加したあとに、招待したホストが入室を許可すると、ミーティングが開始されます。

1 招待メールを受け取る

Memo メール以外で参加する場合

チャットなどで招待リンクが送られてきた場合は、リンクのURLにアクセスすると、手順2の画面に移動して、参加することができます。

解説 ミーティングIDとパスコード

ミーティングIDとは、そのミーティングに割り当てられた番号です。Zoomアプリのホーム画面の［参加］をクリックして、IDを入力するとそのミーティングに参加できます。パスコードの入力画面が表示されたら、パスコードを入力しましょう。

ミーティングID: 883 0099 9544
パスコード: BHx9pf

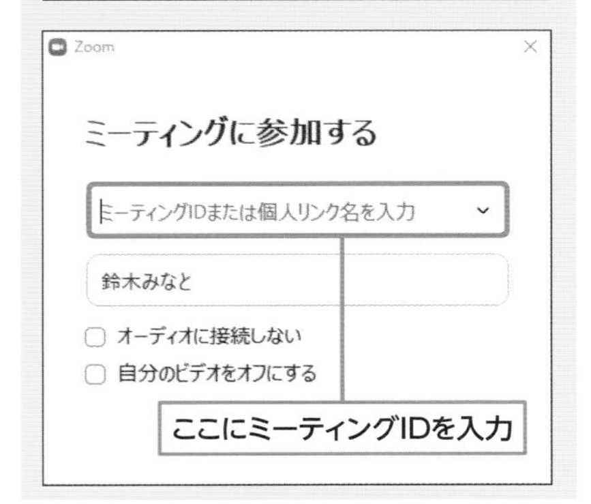

1 招待メールを受け取ったら、メールを開いて［Zoomミーティングに参加する］のURLをクリックします。

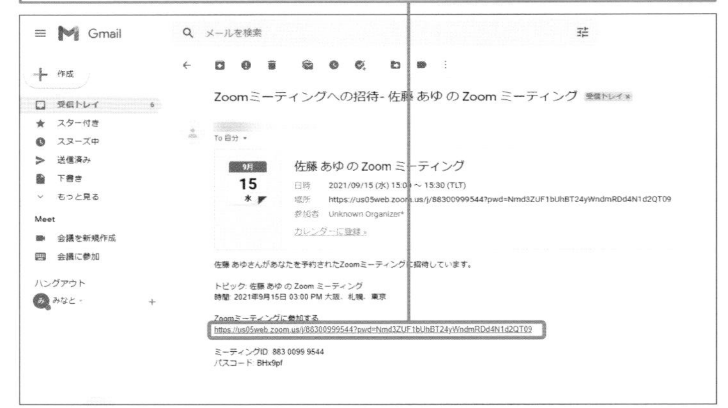

2 WebブラウザーのZoomのページが開くので、［開く］をクリックします。

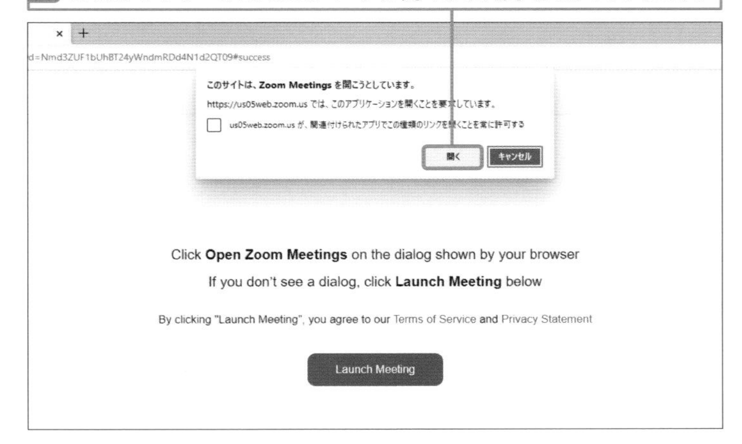

2 ミーティングに参加する

解説 ホスト

ホストとは、そのミーティングの開催者のことをいいます。ホストについては第3章を参照してください。

Hint ホストがミーティングを開始するのを待つ

「ホストがこのミーティングを開始するのをお待ちください」と表示されている間は、まだホストがミーティングルームに入っていない状態です。ホストが入室し、参加許可をするまで待ちましょう。

Hint コンピューターオーディオのテスト

手順1や4の画面で[コンピューターオーディオのテスト]をクリックすると、ミーティングに参加する前にマイクやカメラのテストをすることができます。マイクやカメラの変更も行うことができ、マイクからしっかり音声が聞こえるかどうかの出力レベルも確認できます。出力レベルが低いと相手に聞こえない可能性があるので調整しておきましょう。

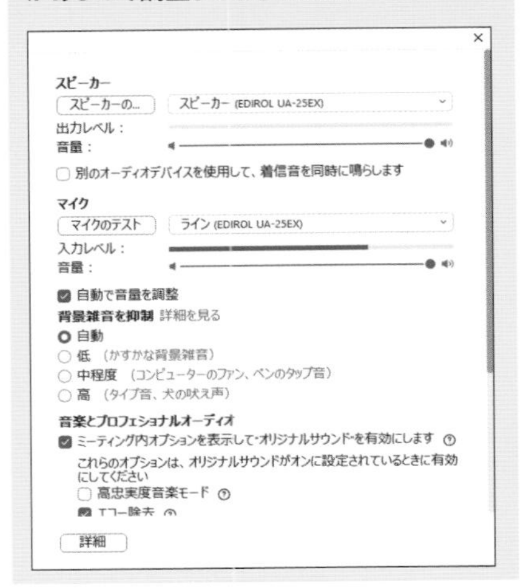

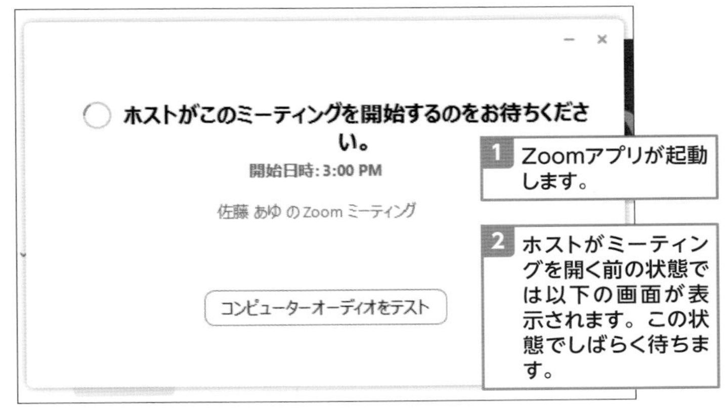

1 Zoomアプリが起動します。

2 ホストがミーティングを開く前の状態では以下の画面が表示されます。この状態でしばらく待ちます。

3 ホストがミーティングを開始し、入室を許可すると、ミーティング画面に切り替わります。

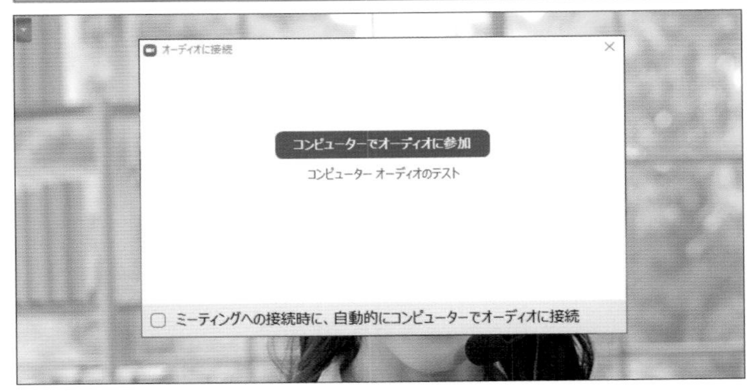

5 ミーティングが開始されます。

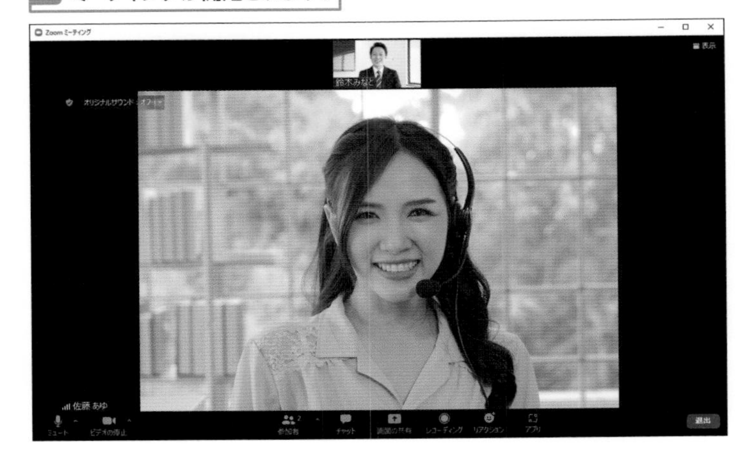

Section 09

カメラとマイクのオン・オフを切り替えよう

ここで学ぶのは
- カメラのオン・オフ
- マイクのオン・オフ
- カメラ・マイクの切り替え

Zoomのミーティング中に、カメラやマイクのオン・オフを切り替えることができます。まだ身だしなみの準備ができていないときにはカメラをオフにしたり、ほかの人が発言中に音が重ならないようにマイクをオフにしたりして、上手に活用しましょう。

1 カメラのオン・オフを切り替える

Hint カメラをオフにした場合

カメラをオフにすると、プロフィールに設定しているアイコン画像か、アイコンを設定していない場合は名前が表示されます。プロフィール画像の変更については、P.78を参照してください。

Memo カメラの切り替え

[ビデオの停止] または [ビデオの開始] の右にある^をクリックすると、現在使用されているカメラから別のカメラに切り替えることができます。

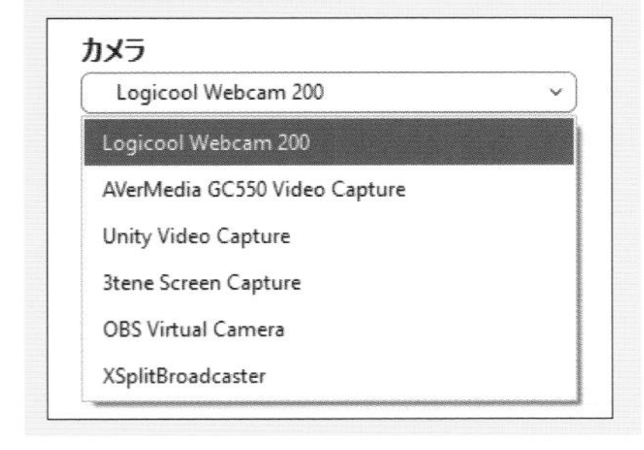

1 ミーティング画面で、[ビデオの停止] をクリックします。

2 カメラがオフになり、アイコン画像か名前に切り替わります。

3 再度オンにしたい場合は、[ビデオの開始] をクリックします。

2 マイクのオン・オフを切り替える

Hint マイクをオフにした場合

マイクをオフにすると、ミーティング相手からはマイクをオフにした人の画面にミュートアイコンが表示されていることが確認できます。

佐藤 あゆ

1 ミーティング画面で、[ミュート] をクリックします。

2 マイクがオフになります。

3 再度オンにしたい場合は、[ミュート解除] をクリックします。

4 マイクがオンに戻ります。

Hint マイクをオフにするメリット

マイクをミュートにすると相手には声が聞こえなくなります。そのため、大人数でのミーティングの場合、話者以外の人はミュートにしておくと、スムーズに会議が進むでしょう。

Memo マイクの切り替え

[ミュート] または [ミュートの解除] の右にある ^ をクリックすると、現在使用されているマイクから別のマイクに切り替えることができます。

ショートカットキー

- マイクのオン・オフ
  Alt + A

Section

10 反応を送ろう

ここで学ぶのは

- リアクション
- 手を挙げる
- 手を降ろす

ミーティング中に自分が発言したい場合、「手を挙げる」反応を送りましょう。挙手をすると、進行役の人にもわかりやすく、会議がスムーズに進みます。また、手を挙げる以外にもさまざまな反応があります。

1 発言する前に挙手する

Hint そのほかのリアクション

「手を挙げる」以外にもさまざまなリアクションがあります。手順2の画面のアイコンの左から、「拍手」「賛成」「ヨロコビ」「開いた口」「ハート」「ジャジャーン」となっています。一番右にある…をクリックすると、それ以外のたくさんの種類からリアクションを選択することができます。

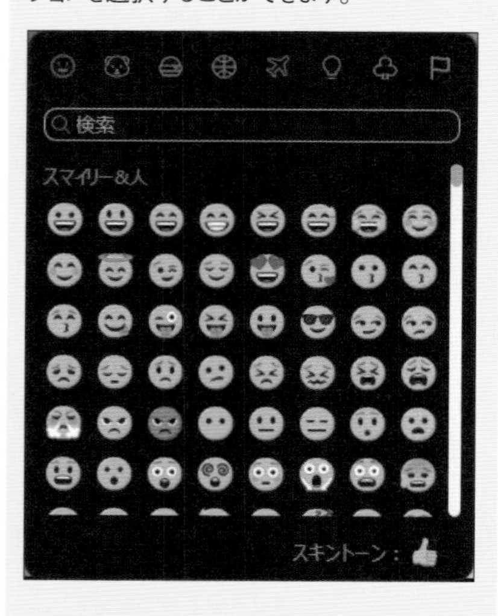

1 ミーティング画面で、[リアクション]をクリックします。

2 反応できるアイコンが表示されます。挙手する場合は、[手を挙げる]をクリックします。

Memo 挙手した場合

挙手した人はZoomミーティングの一番左に配置が移動されホストに伝わりやすくなります。大人数の場合は左上に移動されます。

3 自分のビデオ画面の左上に挙手のアイコンが表示されます。

2 挙手を解除する

1 ミーティング画面で、[リアクション] をクリックします。

2 [手を降ろす] をクリックします。

Memo 挙手を解除した場合

挙手を解除すると、配置が元の位置に戻ります。

3 自分のビデオ画面から挙手のアイコンが消えます。

Hint 発信する際にはミュート解除を行う

大人数での会議などではミュート状態にしていることも多いです。挙手をしたあとに発言をする場合は、ミュートを解除することを忘れないようにしましょう。

Section 11

画面の表示を変更しよう

ここで学ぶのは

- スピーカー表示
- ギャラリー表示
- 全画面表示

ミーティングの画面には2種類あります。すべての参加者が同じ大きさで表示される「ギャラリー」と、発言者が大きく表示される「スピーカー」があります。わかりやすいように使い分けましょう。

1 スピーカー表示に切り替える

解説 スピーカーとは

スピーカー表示では、発言者が下に大きく表示され、それ以外の参加者は上部に並んで表示されます。誰が発言しているかがすぐにわかる表示方法です。1対1や少人数での会議のときに相手の顔が大きく映るのでわかりやすいでしょう。

Memo 自分がホストの場合

自分がホストの場合は、手順2の場所に［イマーシブビュー］が追加され、これに変更することも可能です。イマーシブビューとは、全員が椅子に座っているかのようなデザインのことです。

1 ミーティング画面で、右上の［表示］をクリックします。

2 ［スピーカー］をクリックします。

Memo 全画面表示

P.36の手順2で［全画面表示の開始］をクリックすると、パソコンの画面全体にミーティング画面が表示されます。全画面表示は Esc キーを押すか、画面をダブルクリックすると元に戻ります。

ショートカットキー

● スピーカービューへの切り替え
Alt ＋ F1

3 スピーカー表示に切り替わります。

2 ギャラリー表示に切り替える

解説 ギャラリーとは

ギャラリー表示では、参加者全員が同じ画面の大きさで表示され、発言してる人はその枠が白く光ります。参加している人全体を確認したい場合に便利な表示方法です。なお、2人のときは右下図のようになりますが、3人以上の場合は発言者の画面の枠が光るので、誰が話しているかわかりやすくなっています。

ショートカットキー

● ギャラリービューへの切り替え
Alt ＋ F2

1 ミーティング画面で、［表示］をクリックします。

表示
スピーカー
ギャラリー
全画面表示の開始

2 ［ギャラリー］をクリックします。

3 ギャラリー表示に切り替わります。

Section 12

背景を変更しよう

ここで学ぶのは

- 背景の変更
- バーチャル背景
- 背景をぼかす

自宅からテレワークを行う場合、ビデオ通話で自分の背後にある生活用品や家具などが見られたくないこともあるでしょう。その場合は、背景を変更して見えないように設定しましょう。背景はバーチャル背景かぼかしか選択でき、自動で人物部分だけを切り抜くこともできます。

1 背景を変更する

解説 ビデオフィルター

背景の変更のほかにも、画面にフィルターをかけることができます。手順2で[ビデオフィルターを選択]をクリックしましょう。ビデオフィルターでは、画面の色味やデザインの追加、自分の顔にスタンプを追加することができます。

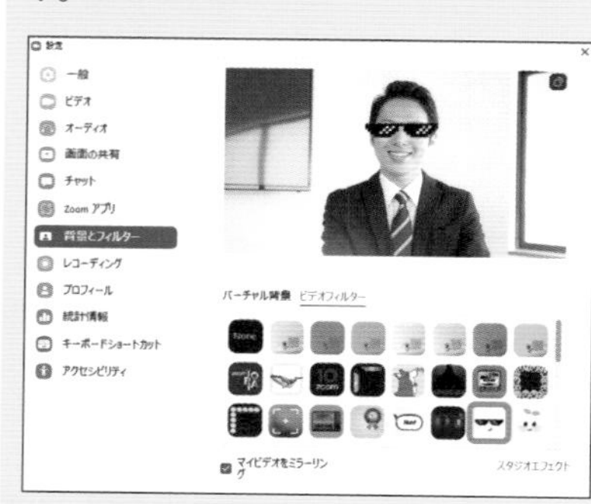

Mosaic Eyewearを適用した

1 ミーティング画面で、ビデオアイコンの右にあるをクリックします。

2 [バーチャル背景...を選択]をクリックします。

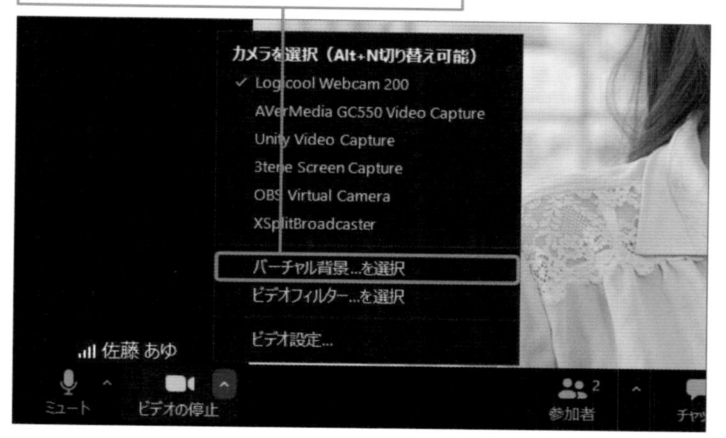

3 設定画面が開きます。

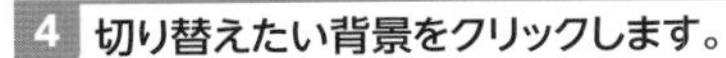

4 切り替えたい背景をクリックします。

5 ×をクリックします。

6 背景が切り替わります。

7 人物部分だけ切り抜かれます。

Hint 背景をぼかすには

背景はバーチャル背景のほかにも、ただ単にぼかすだけもできます。手順 **4** で［ぼかし］をクリックしましょう。

Hint 画像や動画を追加するには

Zoomにある画像以外の背景を使いたい場合は、手順 **3** で⊕をクリックして、背景にしたい画像を選択しましょう。

Memo 初回時のダウンロード案内

初回で背景を変更する際に、バーチャル背景などの素材をダウンロードします。これは自動で行ってくれます。

Memo 背景を元に戻すには

背景を元に戻したい場合は、手順 **4** の画面で［None］をクリックしましょう。

Section

13 チャットで会話をしよう

ここで学ぶのは

- チャット画面
- メッセージの送信
- 絵文字の送信

Zoomはビデオ通話中にチャットで会話をすることが可能です。スケジュールや議事録などをチャットで残しておくことで、あとから確認できるようにすると、参加者全員にわかりやすく伝えることができます。

1 チャット画面を表示する

ショートカットキー

- チャット画面を表示
  Alt + H

1 ミーティング画面で、[チャット]をクリックします。

2 画面の右側にチャット画面が表示されます。

Hint メッセージは取り消せない

チャットに送信したメッセージは削除ができません。送信する前に内容をよく確認しましょう。

Hint 送信先を変える

チャットの送信先を全員ではなく特定の相手に送りたい場合は、手順2で[全員]をクリックし、送信先の相手を選択しましょう。

2 チャットで会話をする

Memo 絵文字を送信する

チャットでは文字以外にも絵文字を使うことができます。チャット画面の［顔］のアイコンをクリックすると、絵文字を選択することができます。

Memo チャットの上手な利用方法

通常ではビデオ会議で話すので、チャットは必要ない場合もあります。しかし、スケジュールや議事録などを残しておくことで、いつでも文字で確認できるようになります。

Memo チャットを保存する

チャットは保存することができます。チャット入力画面の … をクリックして、［チャットの保存］をクリックします。保存したチャットは［フォルダーに表示］をクリックすることで確認することができます。

チャットが保存されました ✓ フォルダーに表示
メッセージは誰に表示されますか？

1 チャット画面で、［ここにメッセージを入力します］をクリックして文字を入力できる状態にします。

2 文字を入力して、Enter キーを押します。

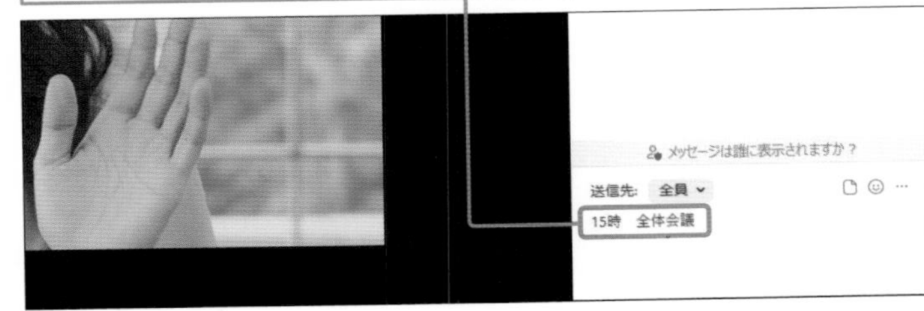

3 チャットが送信されます。

Section

14 チャットからファイルを送信しよう

ここで学ぶのは

- チャット
- ファイルの送信
- クラウドサービスからの送信

チャットでは、会話以外にもファイルのやり取りを行うことができます。資料をデータで渡しておくと会議がスムーズに進むでしょう。送信できるファイルはOfficeファイルやPDFファイルなどさまざまな形式に対応しています。

1 チャットでファイルを送信する

送信されたファイルを開く

送信されたファイルはファイル名をクリックすることで開くことができます。

参加者だけにしか送れない

送信したチャットやファイルは、そのときに参加していた人にしか確認することができません。そのため、重要なファイルなどは全員がそろったときに送るとよいでしょう。

1 ミーティング画面で、[チャット] をクリックします。

2 チャット画面右下のファイルのアイコンをクリックします。

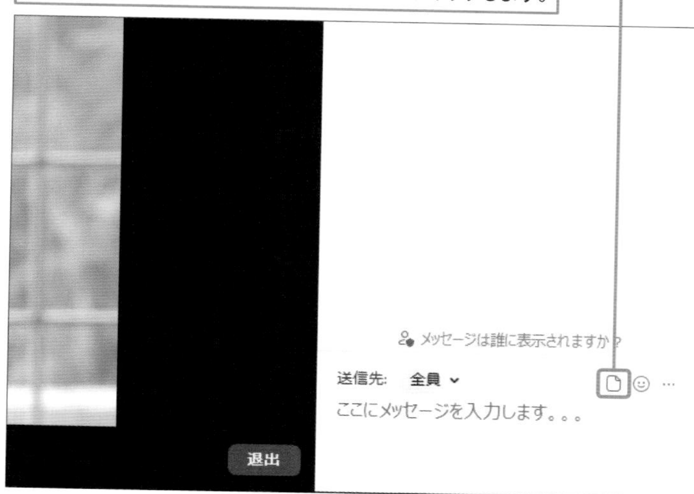

Memo クラウドサービスのファイル

送信できるファイルはパソコンに保存されているもの以外に、「Dropbox」「OneDrive」「Google Drive」といったクラウドサービスに保存しているファイルを指定して送信することもできます。

Memo スマートフォンでのチャット

相手がスマートフォンを使って参加していた場合、相手はファイルを送信することも受け取ることもできません。ミーティング後などにメールなどであとからファイルを送信しておくと安心です。

Memo 送信したファイルは取り消せない

送信したファイルはメッセージ同様に取り消すことができません。

Memo ファイルの保存の仕方

送信されたファイルをクリックするとダウンロードでき、再度クリックすると開くことができます。

3 ファイルを保存している場所をクリックします。今回は[コンピュータ]をクリックします。

4 送信したいファイルをクリックして選択します。

5 [開く]をクリックします。

6 ファイルが送信されました。

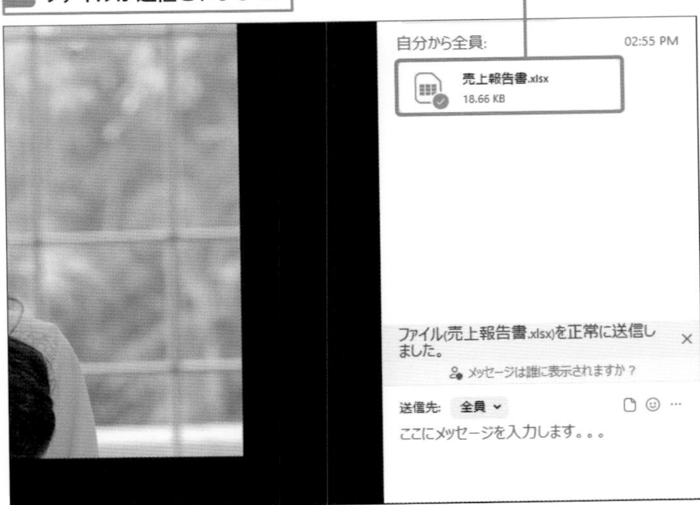

Section

15 画面の共有をしよう

ここで学ぶのは

- 画面の共有
- 音声の共有
- 共有の停止

ミーティング中に言葉やメッセージだけでは伝わりづらい場合は、自分のパソコンの画面を参加者全員と共有しましょう。自分が開いている画面はすべて相手と共有することができます。画面の共有は資料の説明や発表などにとても便利に使えます。アプリ画面やブラウザー画面も共有可能です。

1 画面の共有をする

ホストではない場合の共有方法

自分がホストでない場合は、ホストが許可していないと画面の共有をすることができません。共有したい場合は、ホストの人に許可の設定をしてもらいましょう。下記は自分がホストの場合の画面です。[セキュリティ]→[画面の共有]をオンにして許可しましょう。

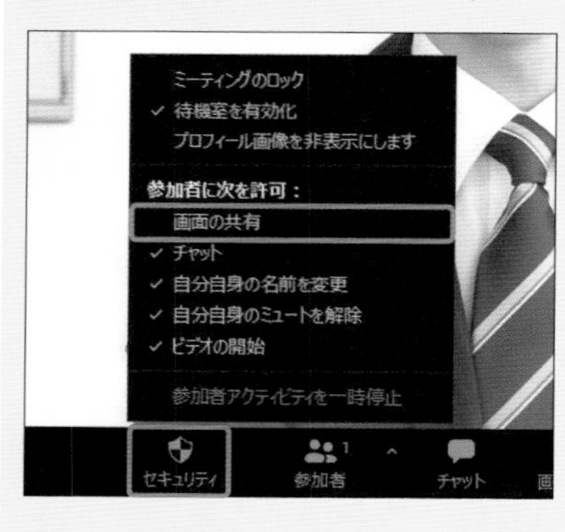

ショートカットキー

● 画面の共有
Alt + S

1 ミーティング画面で、[画面の共有]をクリックします。

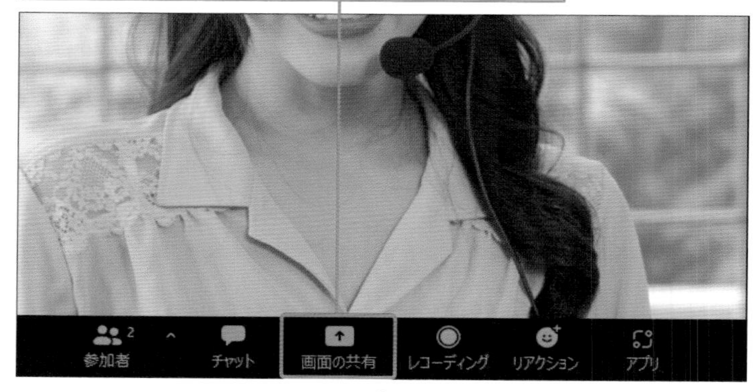

2 共有したい画面をクリックして選択します。

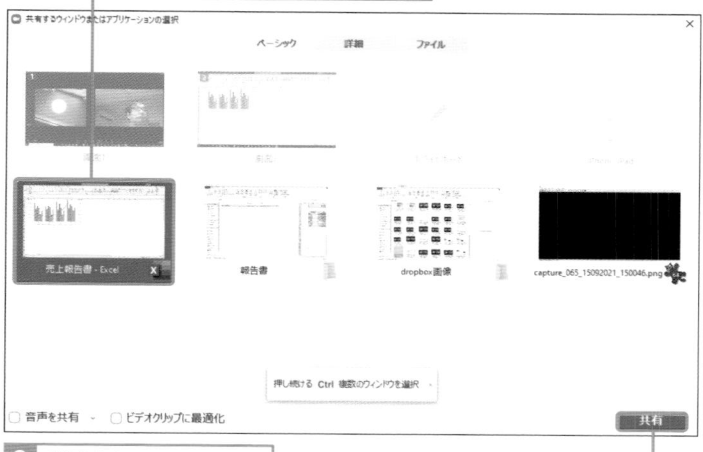

3 [共有]をクリックします。

音声の共有

P.44の手順2の画面で［音声の共有］をオンにした場合、動画などを再生したときに音声も共有することができます。

4 画面が共有されます。

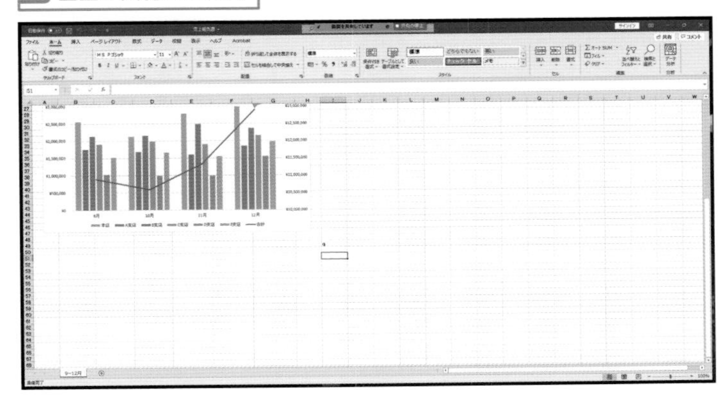

2 画面の共有を停止する

Memo アプリケーションごとの共有

P.44手順2でアプリケーションを選択すると、アプリケーションのみの画面が表示されます。それ以外の画面を開いていてもそのアプリケーション画面のみ参加者に共有されます。別の画面を開いていても参加者には見えません。

1 共有画面の上部にある［共有の停止］をクリックします。

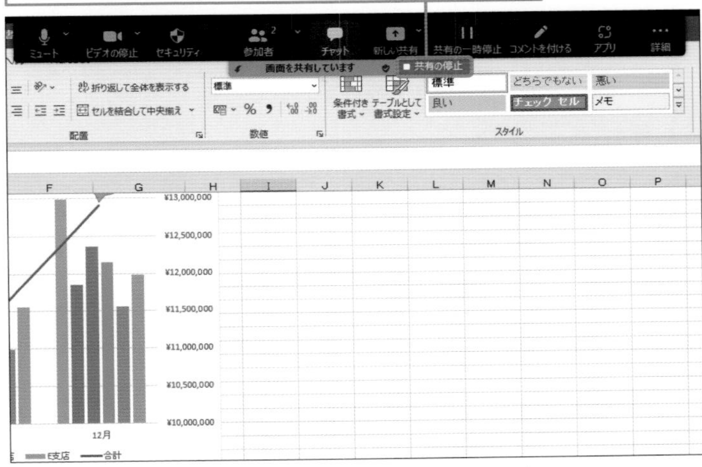

2 共有が停止されます。

Memo 共有しているときの画面表示

共有しているときに共有画面の上部にマウスポインターを移動させるとメニューが表示されます（手順1参照）。そこからミーティングの操作を行ったり、コメントを付けたりすることもできます。

Section 16

ホワイトボードを活用しよう

ここで学ぶのは

- ホワイトボード
- 画面の共有
- 描き込み

ホワイトボートを使うと、ミーティング中に自由に図などを描くことができるので、リアルタイムで会議内容などをイラストや図に描き起こすことができます。ホワイトボードに記入した図などは保存もできます。

1 ホワイトボードを活用する

解説 ホワイトボードは全員で描ける

ホワイトボードはホストや画面の共有者だけでなく、全員で描き込みを行うことができます。

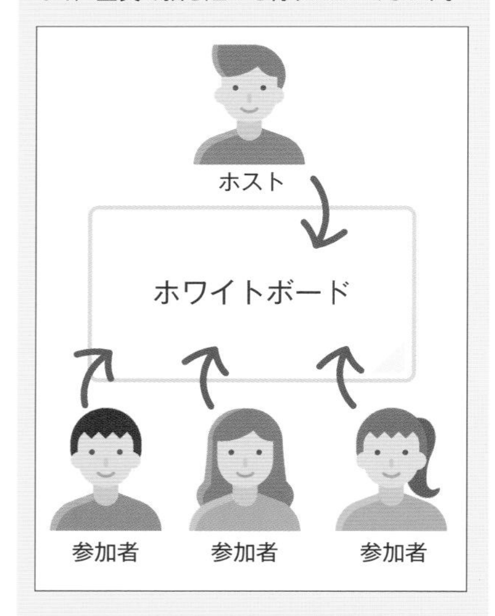

1 ミーティング画面で、[画面の共有] をクリックします。

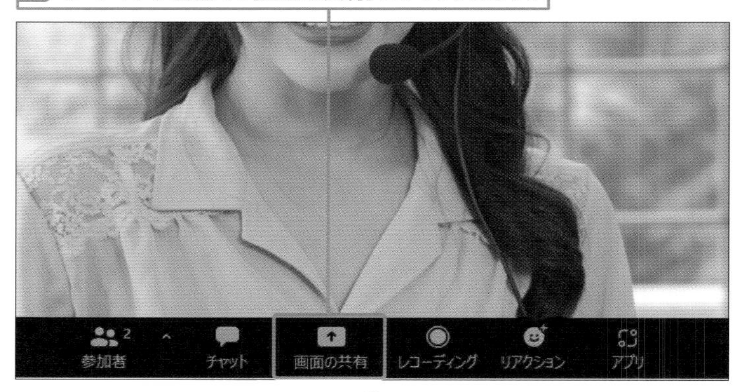

2 [ホワイトボード] をクリックして選択します。

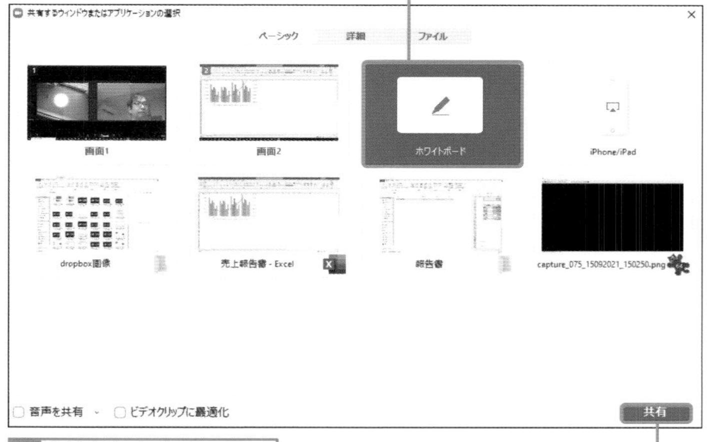

3 [共有] をクリックします。

Memo ホワイトボードでできること

描き込む以外にさまざまなことができます。以下の表を参照してください。

アイコン	機能	説明
✥	選択	書き込みしたものを選択して、動かしたり大きさを変更したりできます。
T	テキスト	手書きではない文字を入力することができます。
〜	描き込む	ペンに変更され、イラストや図を描くことができます。
✓	スタンプ	矢印や図形などのスタンプを押すことができます。
	スポットライト	レーザーポインターのように指し示すことができます。
	消しゴム	部分的に消すことができます。
	フォーマット	文字やペンの色、大きさを変更できます。
	元に戻す	描き込みなどを1つ戻すことができます。
	やり直し	戻した内容を1つ先に進めることができます。
	消去	ホワイトボードの内容を消去できます。
	保存	ホワイトボードの内容を画像として保存できます。

4 ホワイトボードが表示されます。

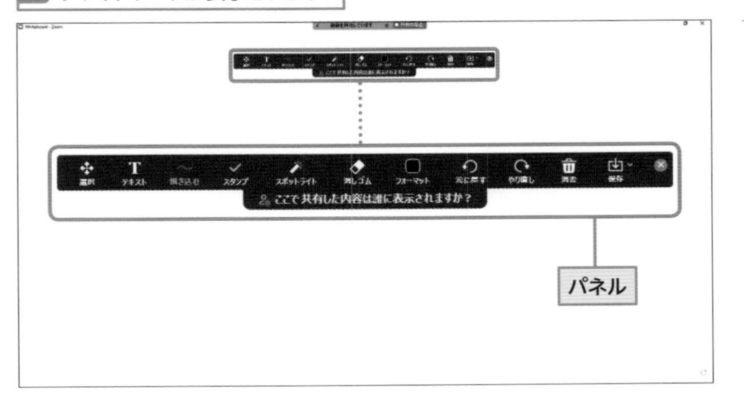

5 ホワイトボードに自由に描き込みをします。

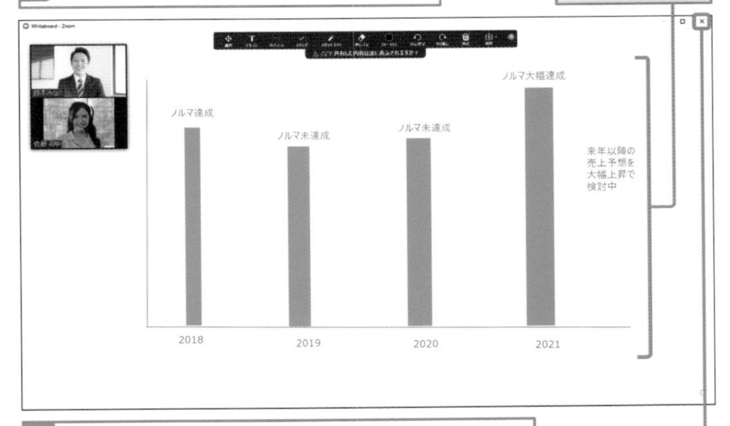

6 ホワイトボードを終了する場合は×をクリックします。

7 ミーティング画面に戻ります。

Section

17 ミーティングを録画しよう

ここで学ぶのは
- レコーディング
- レコーディングの一時停止
- レコーディングの停止

ミーティングの内容は録画することができます。録画した内容をあとで参加者に配布したり、欠席者に渡したりすることもできるので、内容を忘れてしまったり知らなかったりということをなくせます。

1 ミーティングを録画する

解説 ホストではない場合

録画をする場合は、ホストが録画を許可していないと行うことができません。録画したい場合は、ホストの人に許可の設定をしてもらいましょう。
下記は自分がホストの場合の画面です。相手の画面を右クリック→［ローカルファイルの記録を許可］をクリックして許可しましょう。

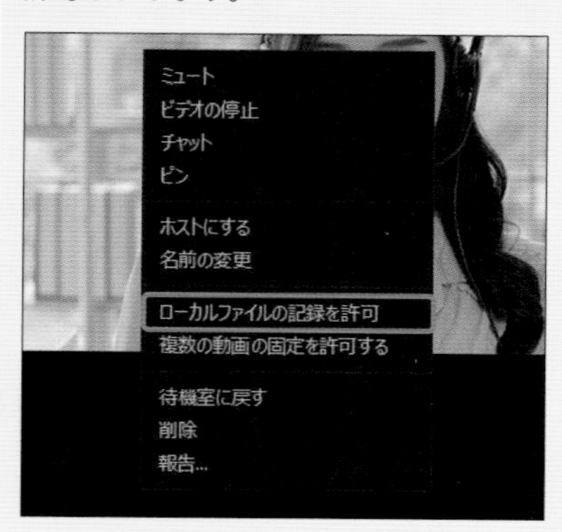

1 ミーティング画面で、［レコーディング］をクリックします。

2 画面左上に「レコーディングしています」と表示され、録画が開始されます。

2 録画を一時停止する

Memo 録画の保存先

録画したデータはパソコンに保存されます。保存先はホーム画面の右上のアイコンをクリックして、［設定］をクリックし、［レコーディング］をクリックして表示された、［録画の保存場所］に表示されているフォルダに保存されます。

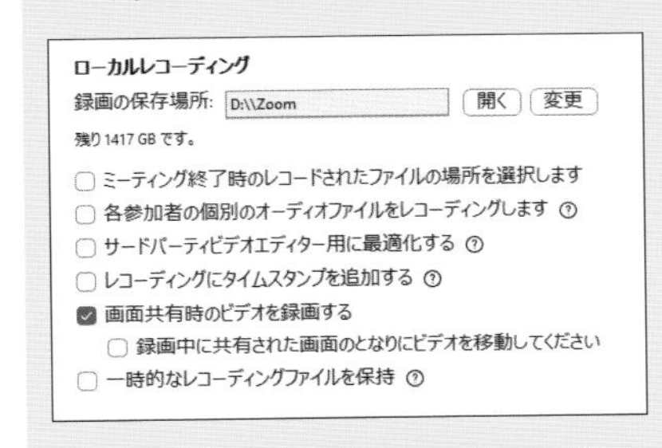

1 録画中に一時停止のアイコンをクリックします。

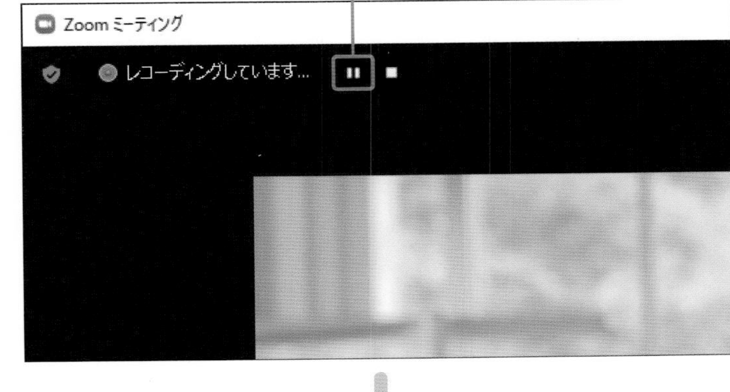

2 録画が一時停止状態になります。再度録画を開始する場合は再生のアイコンをクリックします。

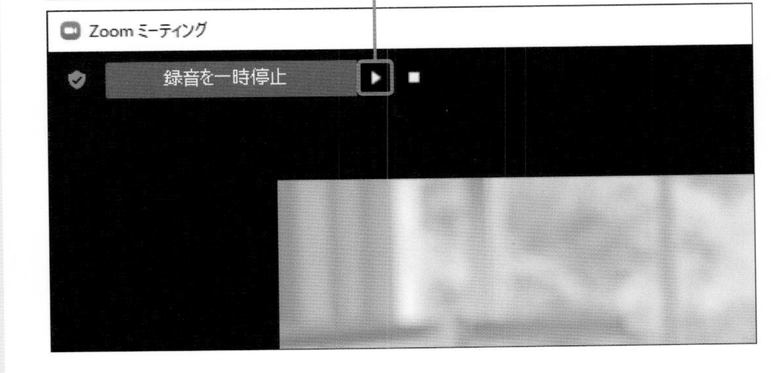

Memo クラウドにレコーディングする

録画はZoomのクラウド上にも保存できますが、こちらは有料版のみの機能となっています。詳しくはZoomの公式ホームページを参照してください。

3 録画を終了する

Memo 録画を保存する

Zoomミーティングを終了すると、自動的に録画ファイルが保存されます。

1 録画中に停止のアイコンをクリックすると、録画が終了します。

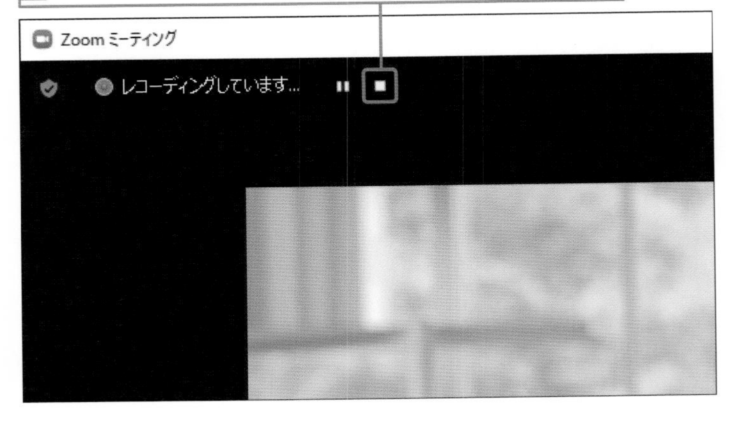

Section 18 ほかの人を招待しよう

ここで学ぶのは
- ほかの人の招待
- メールからの招待
- 招待リンクのコピー

ミーティングにはあとからほかの人を招待することができます。招待する方法は、連絡先（P.100参照）やメール、招待リンクなどさまざまな方法があります。それぞれ確認しましょう。

1 ほかの人を招待する

解説 連絡先から招待する場合

連絡先から招待する場合は、P.100を参考に連絡先に追加した相手をP.51 手順3の画面で選択し［招待］をクリックします。

Memo アイコンと名前を変更する

手順2の画面で自分の名前の上にマウスカーソルを乗せると、［ミュート］と［詳細］をクリックできるようになります。［詳細］をクリックすると、自身のアイコンと名前を変更できるメニューが表示されます。

1 ミーティング画面で、［参加者］をクリックします。

2 ［招待］をクリックします。

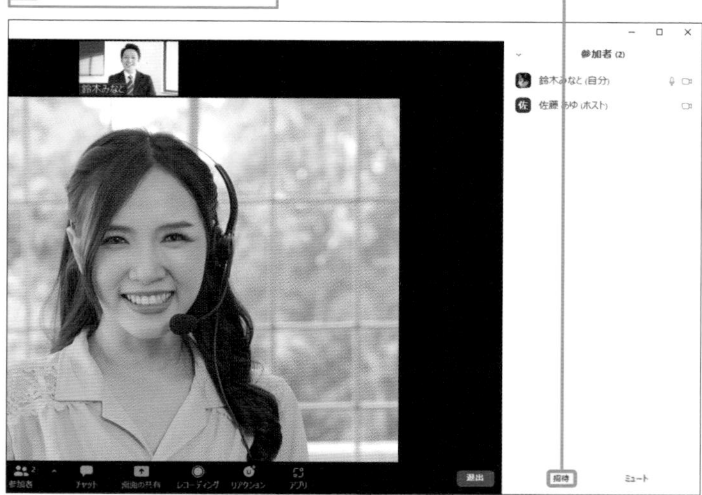

解説 メールから招待する場合

メールから招待する場合は、パソコンのデフォルトメールかGmail、Yahooメールから選択します。メールの本文は自動的に作成されるので、相手に送信をするだけで大丈夫です。

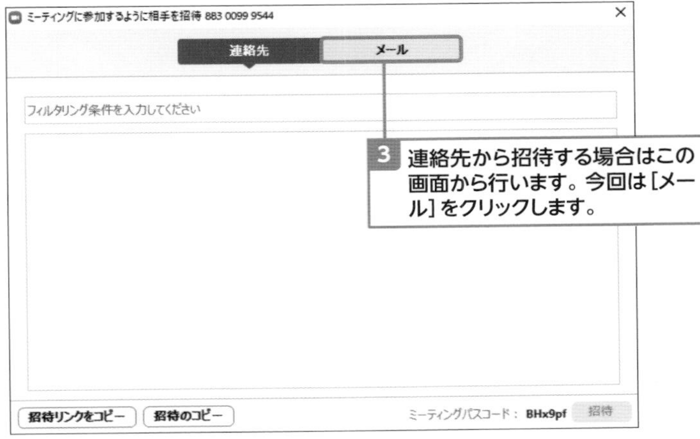

3 連絡先から招待する場合はこの画面から行います。今回は[メール]をクリックします。

4 メールを送って招待する場合はこの画面から行います。任意のメールサービスをクリックすると、メールが開くので招待相手に送信します。

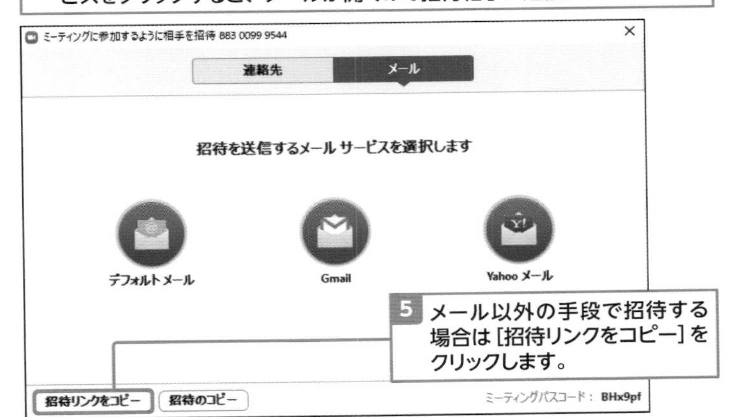

5 メール以外の手段で招待する場合は[招待リンクをコピー]をクリックします。

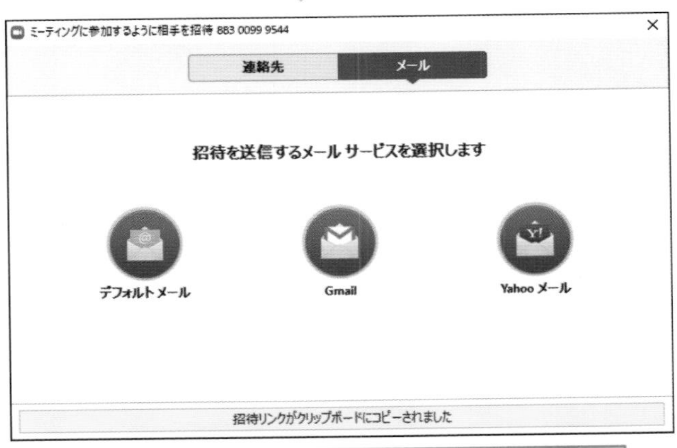

6 招待リンクがコピーされるので、招待相手にチャットなどでコピーしたリンクを送信します。

Hint 「招待リンクのコピー」と「招待のコピー」の違い

「招待リンクのコピー」と「招待のコピー」の違いについて解説します。「招待リンクのコピー」はミーティングのURLのみコピーをします。「招待のコピー」はURL以外に、ミーティングIDとパスワードも一緒にコピーをします。相手が以前にも参加したことあるなど、ミーティングIDやパスワードを既に知っている場合は、招待リンクのコピーだけでも問題ないでしょう。

Section 19

ミーティングから退出しよう

ここで学ぶのは
- ミーティングの終了
- 退出
- 自動で退出

ミーティングが終了したら、ミーティングから退出をしましょう。退出するには、ミーティング画面の右下にある［終了］をクリックするだけで簡単に行うことができます。

1 ミーティングから退出する

1 ミーティング画面で、［退出］をクリックします。

2 ［ミーティングを退出］をクリックします。

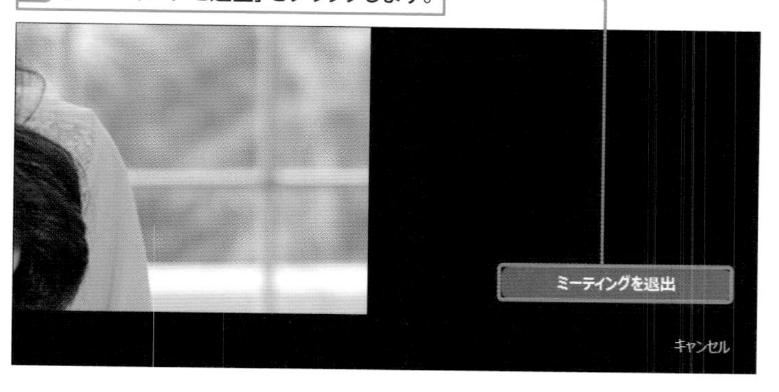

Memo 自動で退出する場合

ホストが［全員に対してミーティングを終了］を選択すると、自動的に参加者はミーティングから退出します。

Zoom
このミーティングはホストによって終了されました
OK (4)

Memo ミーティング退出時の注意点

ミーティングを退出すると、相手の画面からすぐ消えてしまいます。退出する際は一言声をかけておきましょう。

第 3 章

Zoomのホストでミーティングをする

この章では、自分がホストになってミーティングを開催した場合の操作を解説します。

ホストにはさまざまな権限があり、参加者の操作を許可したり制限したりすることができます。

Section

20 ミーティングを予約しよう

ここで学ぶのは
- ミーティングの予約
- 定期的なミーティング
- スケジューリング

Zoomではミーティングをあらかじめ予約しておくことができます。予約をするとホーム画面やカレンダーで予約した内容を確認することができるので忘れたりしません。予約内容は細かく設定することもできます。

1 ミーティングを予約する

Hint 予約した人がホストになる

ミーティングを予約すると、自動的に自分がミーティングのホストになります。ホストについては、P.17を参照してください。

Memo マイ個人ミーティングID

手順3の画面では「マイ個人ミーティングID」が表示されます。マイ個人ミーティングIDとは、アカウントごとに割り振られている個人のミーティングIDのことです。マイ個人ミーティングIDの使い方については、P.70を参照してください。マイ個人ミーティングIDは固定の番号のため、こちらを使ってミーティングをすると毎回同じIDのミーティングルームでビデオ会議を開始することができます。

1 Zoomアプリを立ち上げます。

2 ホーム画面から［ミーティング］をクリックします。

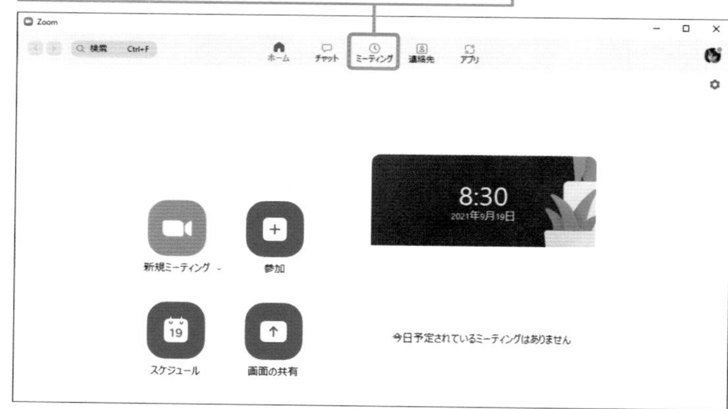

3 をクリックします。

Memo Outlook、Googleカレンダーから予約する

手順4で［Outlookからのスケジュール］をクリックすると、Outlookのカレンダー機能を使った予約を、［Googleカレンダーからのスケジュール］をクリックすると、Googleカレンダーを使った予約をすることができます。

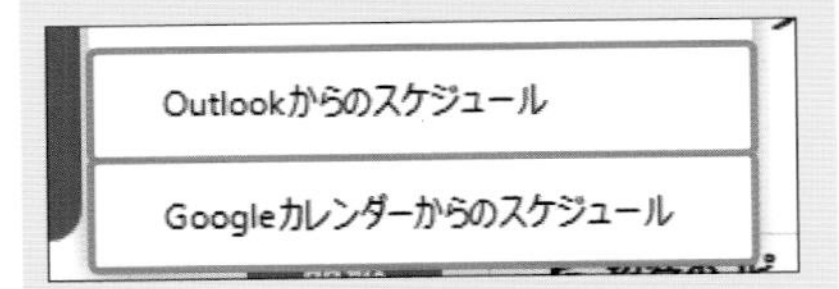

Memo 定期的なミーティングを開催する

手順5で［定期的なミーティング］にチェックを入れると、同じ内容で毎日、毎週といった予約を自動で入れてくれるようになります。

定期的なミーティング

Memo スケジューリングの完了

スケジューリングが完了すると、「ミーティングがスケジューリングされました。」のポップアップが表示されます。

Memo カレンダーと連携する

カレンダーとの連携についてはP.59を参照してください。Zoomでは、カレンダーと簡単に連携することができます。

4 ［ミーティングをスケジューリング］をクリックします。

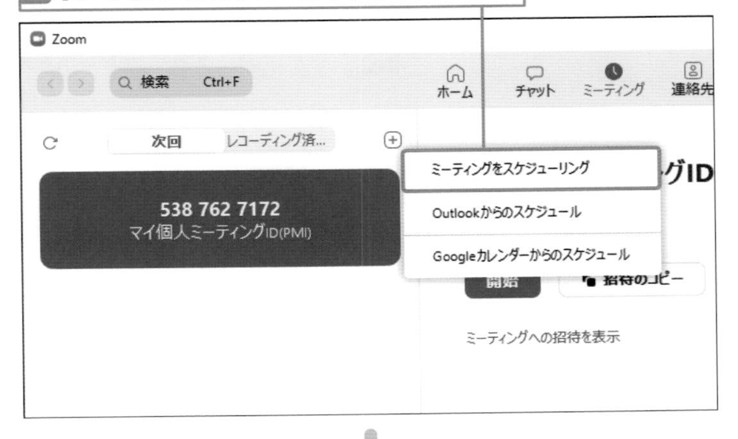

5 予約の設定を行います。

6 ［保存］をクリックします。

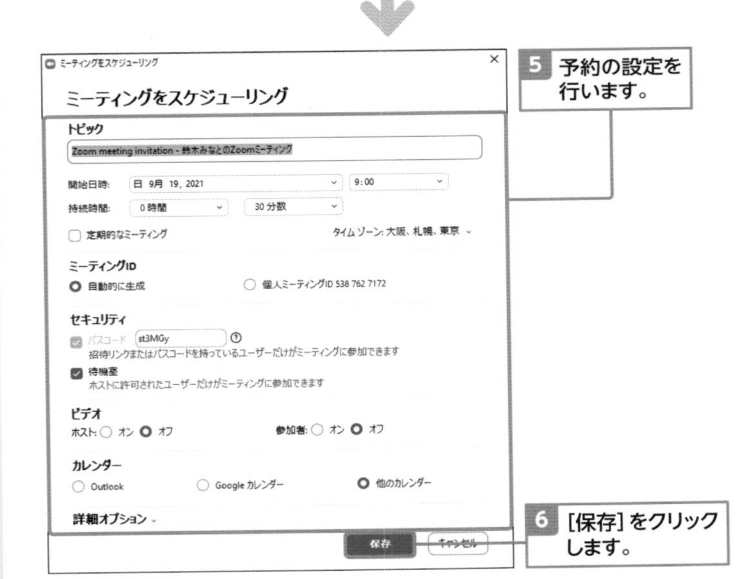

7 ホーム画面に戻ると、ミーティングが予約されていることが確認できます。

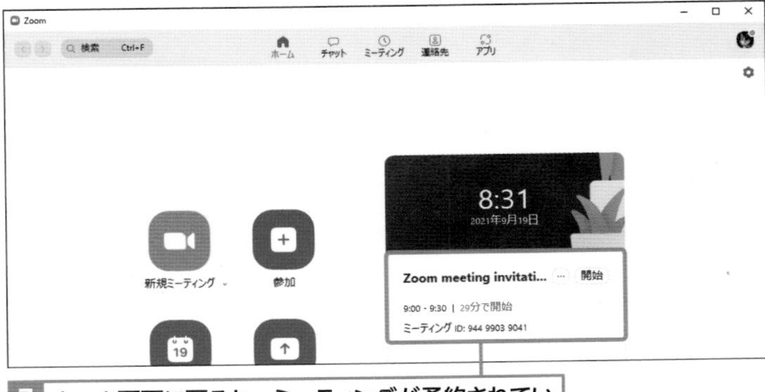

Section

21 ミーティングに招待しよう

ここで学ぶのは

- 招待のコピー
- メールでの招待
- ミーティングの情報

ミーティングを予約したら相手を招待しましょう。招待すると、相手もその予約時間を把握できるので、ミーティングの見落としがなくなります。ここではメールを使って相手を招待します。

1 予約したミーティングにメールで招待する

解説 予約をしただけでは招待はされていない

P.54で予約をしただけではまだ相手を招待していません。予約が完了したら、次は相手を招待して予定を知らせましょう。

Memo 予約したミーティングはマイ個人ミーティングIDが異なる

手順1や2の画面では予約したミーティングのIDが表示されますが、マイ個人ミーティングIDとは異なります。それは、予約したミーティングの前に、別のミーティングをする際に同じIDだと困るため別のIDが割り当てられているのです。

1 ホーム画面から［ミーティング］をクリックします。

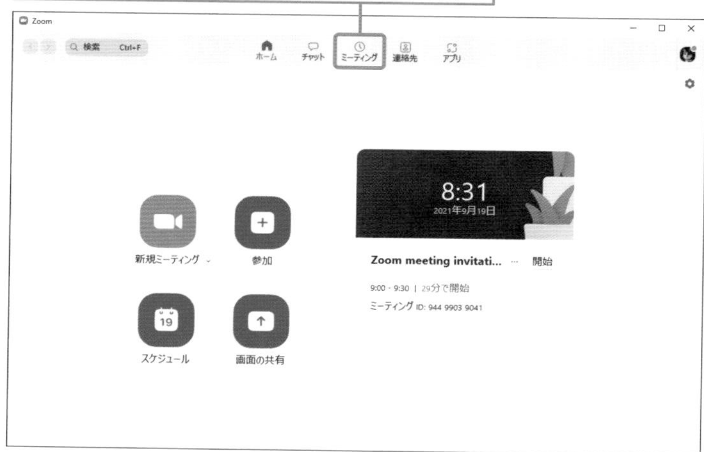

2 予約したミーティングをクリックして選択します。

3 ［ミーティングへの招待を表示］をクリックします。

Hint 招待のコピー

[招待のコピー] をクリックすると、表示されたミーティングの情報がそのままコピーされます。コピーする前に手順4で内容を一度確認しておきましょう。

4 ミーティングの情報が表示されます。

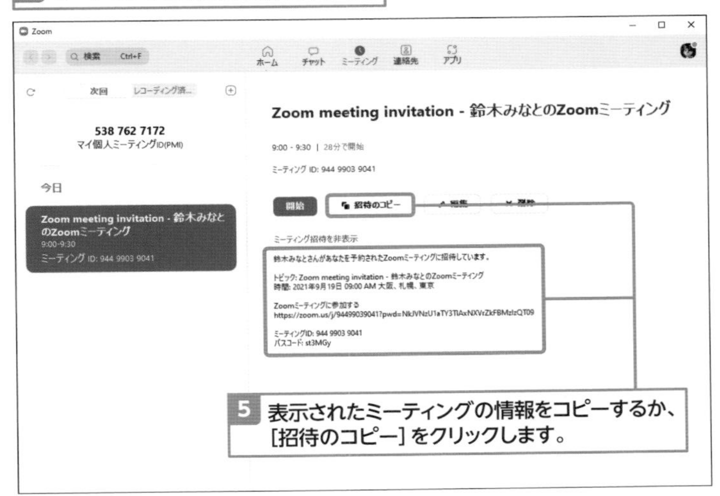

6 メールに貼り付け、宛先や本文、タイトルなどを入力します。

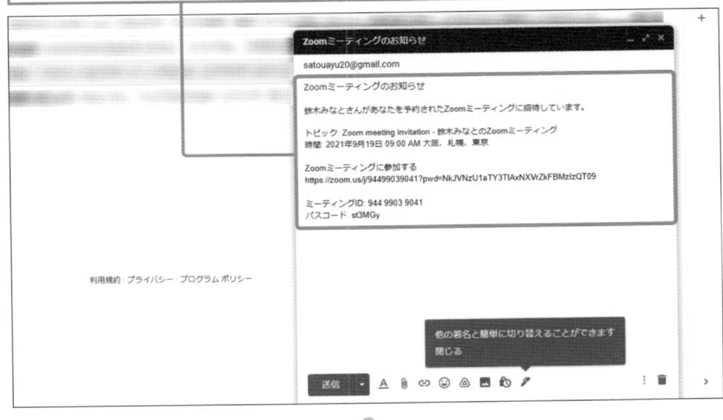

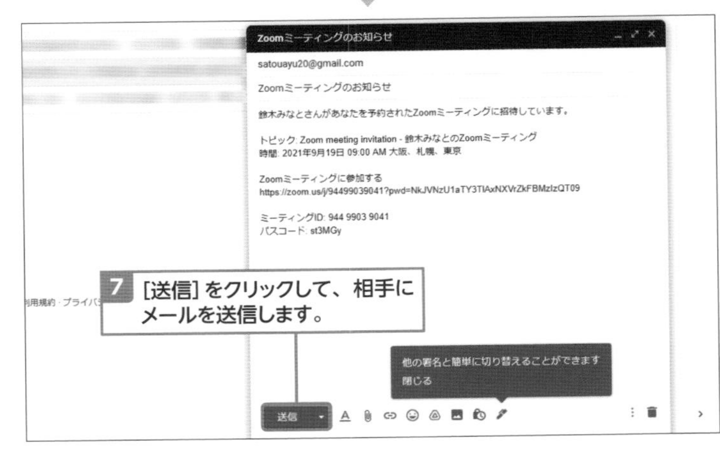

Memo 相手に伝えるミーティングの情報

相手にミーティング情報を送る場合、そのまま手順5の文章をコピーしてもよいですが、日時とミーティングルームのURL、IDとパスコードのみコピーして本文は自分で書き換えてしまっても構いません。相手には上記の内容だけ伝わればミーティングに参加することができます。

Memo メールの内容を確認する

コピーした内容を貼り付けただけでは、相手の名前や署名もない状態なので、取引先などに送る場合はきちんと必要な情報を入力してから送付しましょう。

Memo チャットで情報を送る

相手のメールアドレスがわからなくて、チャットやSNSのみでつながりがある場合、チャットやメッセージにコピーした内容を相手に送っても問題ありません。相手はメッセージで送られてきたURLでZoomに参加することができます。

Section
22 予約したミーティングのスケジュールを確認しよう

ここで学ぶのは
- スケジュールの確認
- スケジュールの編集
- スケジュールの削除

予約したミーティングはあとから内容を確認したり、編集をしたりすることができます。ここではカレンダーとの連携をした画面なども含めて解説をしていきます。あとから、ミーティングが不要になった場合は、予約そのものを削除して取り消しましょう。

1 予約したミーティングのスケジュールを確認する

Memo 予約を削除する

予約したミーティングを削除したい場合は、P.59手順2で[削除]をクリックしましょう。

Memo 予約したミーティングが反映されていない場合

予約したスケジュールが一覧に表示されていない場合は、手順2の画面左上にあるCをクリックしましょう。

1 ホーム画面から[ミーティング]をクリックします。

2 予約がある場合、左の欄に予約したミーティングが表示されます。

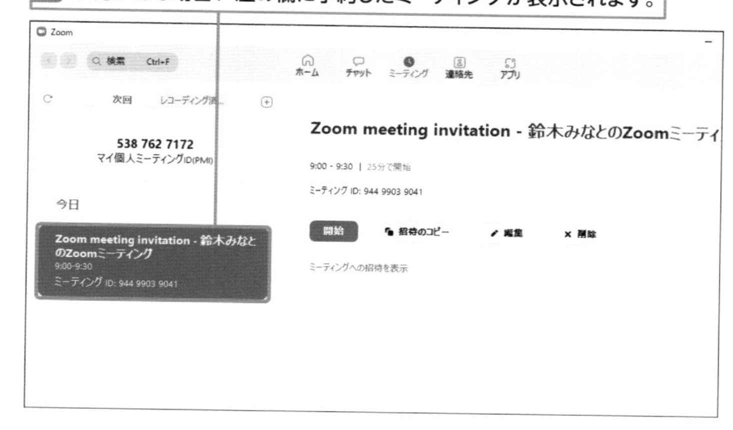

2 予約したミーティングを編集する

Memo カレンダーに追加する

手順3で「カレンダー」の項目にあるいずれかのカレンダーアプリをクリックしてチェックを付けておくと、[保存]をクリックしたあとに、連携の画面が表示されます(下記Memoの画面はGoogleカレンダー)。カレンダーアプリで[保存]をクリックすると、カレンダーアプリに予約したミーティングが追加されるので、Zoomだけではなくカレンダーアプリからも予約を確認することができます。

Memo カレンダーを編集してもZoomの予約は変わらない

ミーティングをカレンダーに追加するとカレンダーに反映されます。しかし、カレンダーに追加されたミーティングを、カレンダーから削除してもZoomからは削除されません。ミーティングの予約を削除したい場合はZoomから行いましょう。

1 編集したいミーティングをクリックして選択します。

2 [編集]をクリックします。

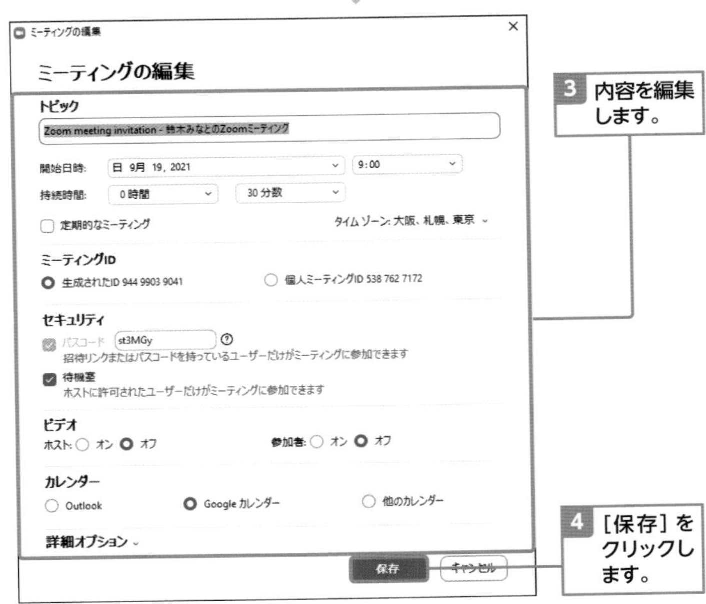

3 内容を編集します。

4 [保存]をクリックします。

Memo カレンダーと連携

カレンダーと連携するには、アプリとの連携を許可する必要があります。手順3でカレンダーアプリを選択したあとに[保存]をクリックすると、連携するアカウントの選択画面が表示されます。連携したら、カレンダーに記入する内容を確認して保存しましょう。右の画面はGoogleカレンダーになります。

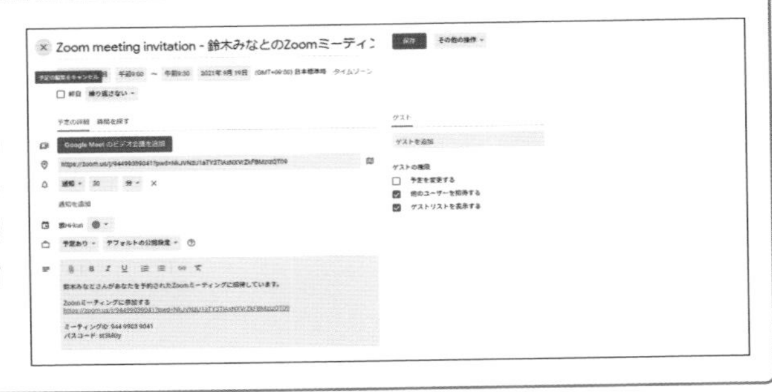

Section
23 ミーティングを開始しよう

ここで学ぶのは
- ミーティングの開始
- ミーティングの予約欄
- オーディオに参加

予約した時間になったらミーティングを開始しましょう。なお、予約した時間の前に開始することもできるので、先に入室しておき、ビデオやカメラの確認などをしておくことも可能です。

1 ホーム画面からミーティングを開始する

解説 ホーム画面にも予約が掲載される

予約したスケジュールはホーム画面にも情報が表示されるので、Zoomを開くたびに確認することができます。

Zoom meeting invitati... … 開始
13:00 - 13:30
ミーティング ID: 949 1908 0679

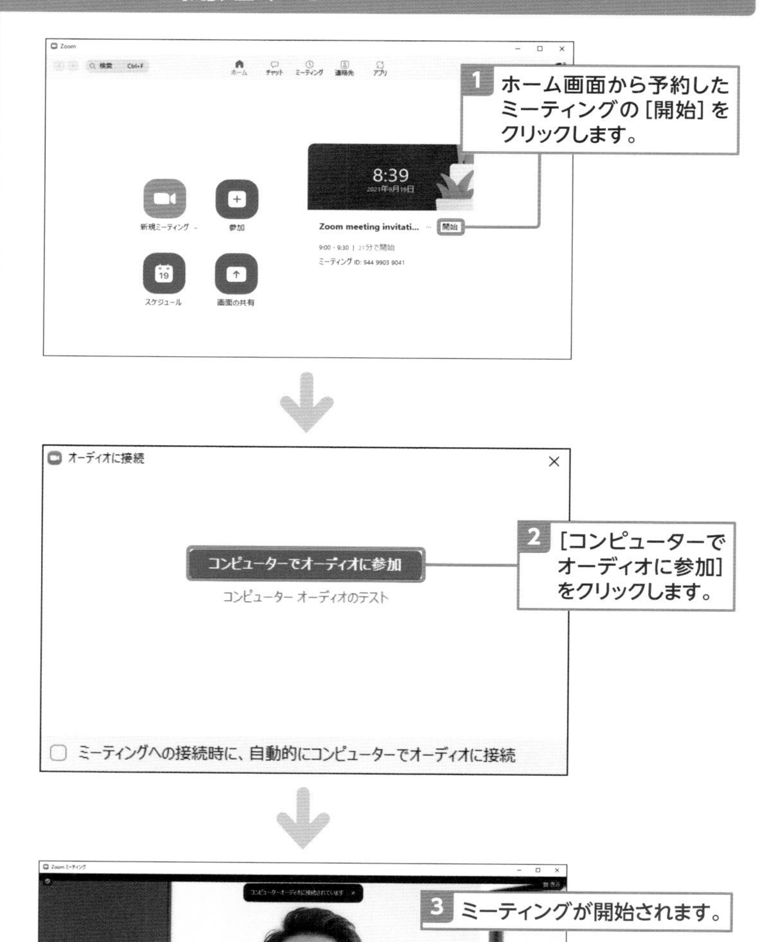

Memo ホストの時の入室

自分がホストの場合、自分が入室した段階ではまだ自分しか画面に映っていません。なお、参加者が先に入室した場合は、ホストの入室まで待つことになります。ホストになった場合は、時間に余裕を持って2,3分前に入室しておくと参加者を待たせずに済むでしょう。

2 スケジュールからミーティングを開始する

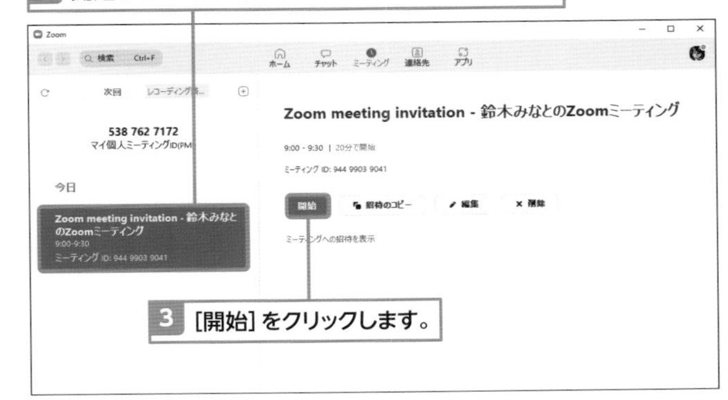

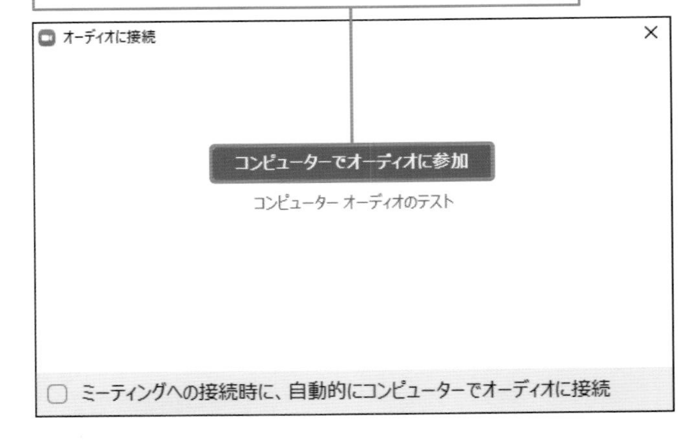

Hint 複数予約している場合

複数のミーティングを予約している場合は、ホーム画面にはすべて表示されない場合があります。そのような場合は、ミーティングの予約欄から開始しましょう。

Memo オーディオのテスト

［コンピューターオーディオのテスト］をクリックすると、入室前にカメラやマイクのテストができます。

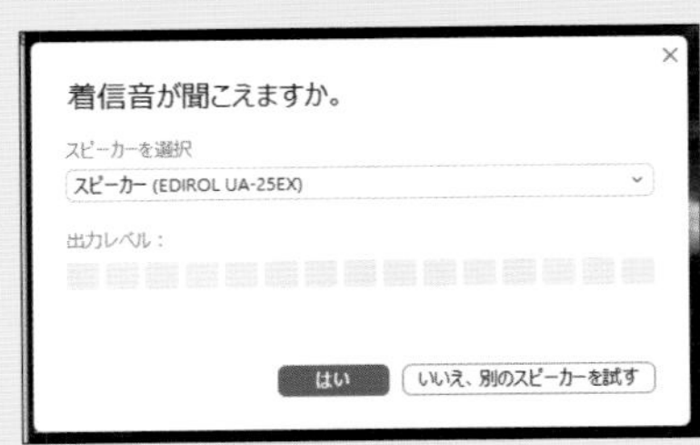

Section
24 待機室の参加者を許可して入室させよう

ここで学ぶのは
- 待機室の参加者
- 入室許可
- 参加者の確認

自分がホストの場合は、参加者を許可しないと入室させることができません。入室待ちの参加者は待機室にいるので、順次許可をしましょう。入室した人は［参加者］をクリックすると一覧で表示されます。

1 参加者の入室を許可する

解説 そのほかの入室許可の方法

一気に入室許可が出ると、画面上部の通知だけでは間に合わなくなることがあります。その場合は下部メニューの［参加者］をクリックして、待機室にいる参加者を許可しましょう。

1 ミーティングを開始している画面はこのようになっています。

2 招待した人が待機室に入ると「○○が待機室に入室しました」と表示されるので、［許可する］をクリックします。

Hint 許可した直後のアイコン

許可した直後は、アイコンが名前のみの画像（下左図）のようになっています。参加者が［オーディオの参加］をクリックするとアイコンか名前の画面が表示されます。

3 許可した人がZoomの画面に入室します。

2 入室した人を確認する

Memo 参加者がカメラか音声のみかを確認

参加者一覧で参加者がビデオをオンにしている場合は、ビデオマークが表示されます（下左図）。ビデオをオフにしている場合は、ビデオマークに斜めの斜線が付き、赤く表示されます（下右図）。

1 ミーティング画面で［参加者］をクリックします。

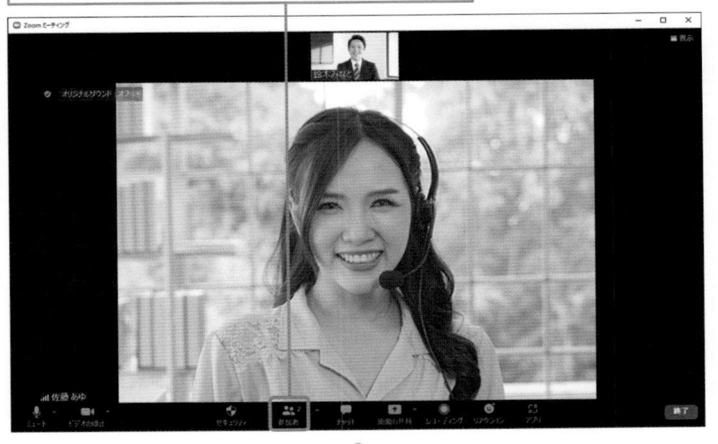

2 現在入室してる人を確認できます。

Section
25 参加者の画面の共有の許可をしよう

ここで学ぶのは
- ミーティング画面
- セキュリティメニュー
- 画面共有の許可

参加者が画面の共有を行う場合、ホストが許可をしていないと行うことができません。初期設定では許可をしていない状態なので、参加者が画面を共有したい時は許可を行いましょう。自身がホストでミーティングを行う際はオン・オフを切り替えてスムーズにミーティングが進むようにするとよいでしょう。

1 参加者の画面の共有をオンにする

Hint セキュリティのアイコンが表示される

[セキュリティ] は自分がホストの場合のみ表示されるメニューです。参加者の場合は表示されません。[セキュリティ] をクリックすることで、参加者の権限などを変更することができます。

Memo そのほかの権限

画面共有以外の権限についてはP.66で解説をします。自分がホストになった場合は、会議の進行に合わせて随時権限を変更するとよいでしょう。

1 ミーティング画面で [セキュリティ] をクリックします。

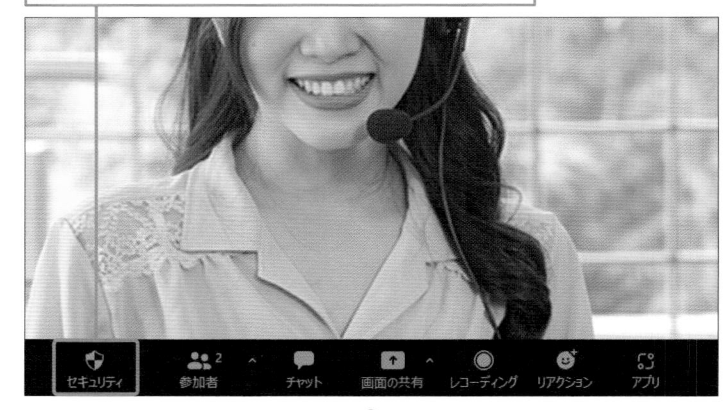

2 [画面の共有] にチェックが入っていない場合は、クリックします。

Hint チェックが付いている項目

チェックが付いている項目が参加者に許可をしている項目になります。

参加者に次を許可：
✓ 画面の共有
✓ チャット
✓ 自分自身の名前を変更
✓ 自分自身のミュートを解除
✓ ビデオの開始

3 チェックが入り、画面の共有がオンになります。

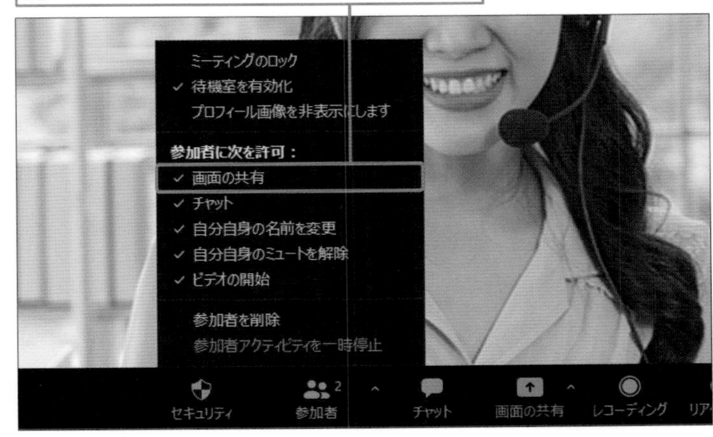

2 参加者の画面の共有をオフにする

1 ミーティング画面で［セキュリティ］をクリックします。

2 ［画面の共有］にチェックが入っている場合は、クリックしてオフにします。

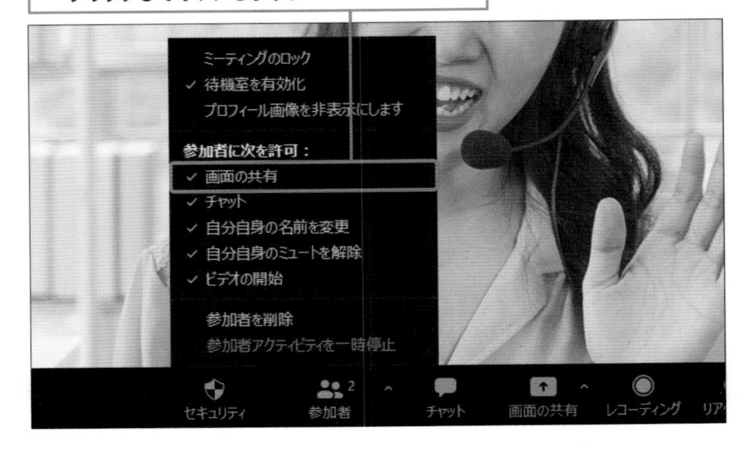

Memo 個別で設定はできない

参加者ごとに画面の共有の設定を行うことはできないので、必要なときにオンにして、必要ないときはオフにしておくとよいでしょう。画面の共有をオンのままにしておくと、参加者は自由に画面共有することができてしまいます。誰かが手元の資料をカメラに映しているなど、カメラに映った姿が重要の場合はオフにしておきましょう。

Section 26

参加者の設定を制限しよう

ここで学ぶのは
- チャットの制限
- ビデオの制限
- ミーティングのロック

ホストの時に、画面共有以外にもさまざまな参加者の権限を変更することが可能です。ここでは、チャットやビデオ・マイクの制限とミーティングのロックについて紹介します。またそれ以外の細かい変更についてはMemoを確認してください。

1 チャットを制限する

Hint ファイル送信の制限を行うメリット

チャットを制限すると、同時にチャット画面のファイル送信も制限されます。今のスマートフォンのZoomアプリではファイルのやり取りができません。もし参加者の誰かがスマートフォンで参加している状態でファイルのやり取りを行っていると、スマートフォンの参加者は話についていけなくなります。このような場合はチャットを制限して、あとからデータの受け渡しを行うとよいでしょう。

Memo 「自分自身の名前を変更」の制限

手順 2 の画面で［自分自身の名前を変更］をオフにすると、参加者は入室後に自分の名前を変更することができなくなります。あらかじめ会社で設定した名前の設定にしておき、ミーティング中に変更されてわからなくならないようにするときに使うとよいでしょう。

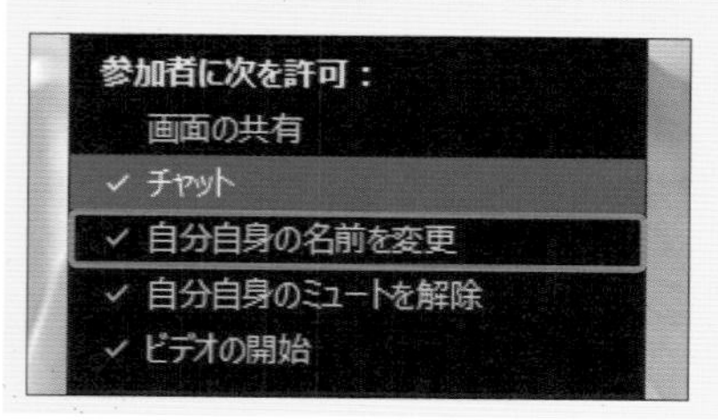

1 ミーティング画面で［セキュリティ］をクリックします。

2 ［チャット］にチェックが入っている場合は、クリックをしてオフにします。

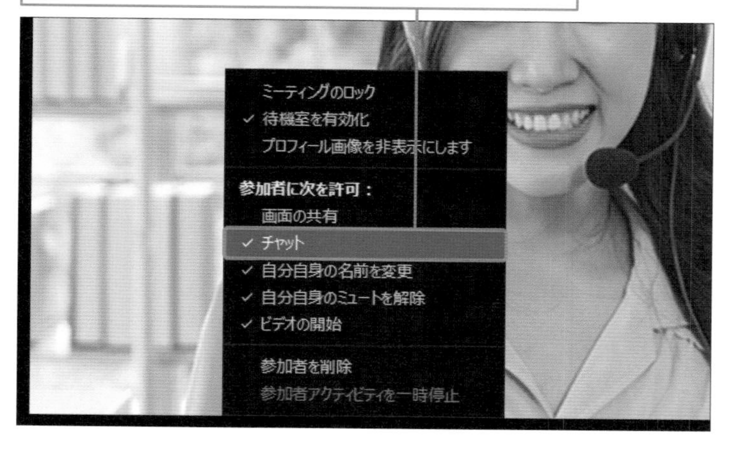

2 ビデオを制限する

Memo ピン留めを行う

手順 2 の画面で［ピン］をクリックすると、スピーカービューにしている場合、ピン留めした参加者の画面が常に大きい状態になります。

Memo 参加者をホストにする

手順 2 の画面で［ホストにする］をクリックすると、その参加者をホストに変更することができ、自分はホストではなくなります。

Memo 参加者の名前の変更を行う

手順 2 の画面で［名前の変更］をクリックすると、その参加者の名前を変更できます。なお、変更した名前は相手にも変更したことが伝わります。

Memo ビデオの制限の解除

右と同様の手順で■→［ビデオの開始］をクリックして、ビデオの制限をオフにすることができます。

1 ミーティング画面でビデオ画面を制限したい参加者の画面に右クリックまたはマウスポインターを乗せ、■をクリックします。

2 ［ビデオの停止］をクリックします。

3 相手の画面が制限され、ビデオの停止が反映されました。

3 音声を制限する

1 ミーティング画面で［参加者］をクリックします。

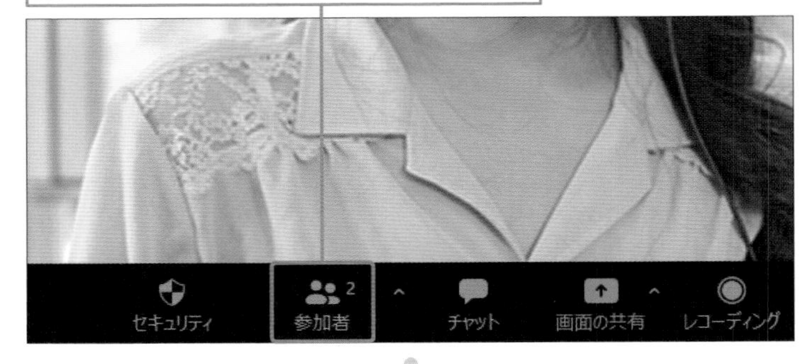

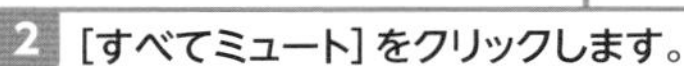

2 ［すべてミュート］をクリックします。

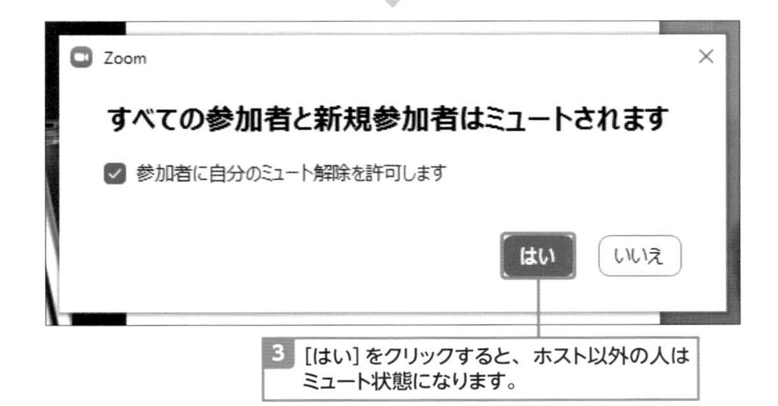

3 ［はい］をクリックすると、ホスト以外の人はミュート状態になります。

Memo 参加者がミュートを解除する

手順3で［参加者に自分のミュート解除を許可します］にチェックを付けてから［はい］をクリックすると、音声を制限された参加者は自分でミュートを解除することができます。
反対にチェックを付けなかった場合は、参加者は自分でミュートを解除することができません。

Memo 音声を制限する利用シーン

ハウリングや背景雑音などで話者の話が聞こえない場合は、いったん全員をミュートにして話者のみをミュート解除依頼するとよいでしょう。この方法はとてもよく使えます。覚えておくとよいでしょう。

Memo 参加者にミュート解除を依頼する

手順2の画面で … をクリックし、［全員にミュートを解除するように依頼］をクリックすると、参加者にミュートを解除するように促すことができます。

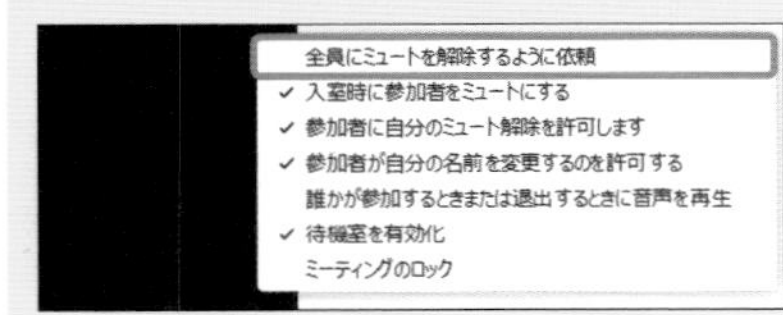

4 ミーティングをロックする

解説 ミーティングのロック

ミーティングをロックすると、参加者を追加することができなくなります。また、一度退出すると入室することができなくなります。まったく知らない人が入室してきた場合、強制的に退出させてからロックすると、そのあとに誰かが入室することはできません。

解説 参加者アクティビティ

手順2の画面で［参加者アクティビティを一時停止］をクリックすると、ミーティングが一時停止され、参加者の権限がすべてオフになります。そのため、カメラやマイクもオフになるので参加者に一声かけてから操作しましょう。この方法は長い会議の休憩時間などに使用するとよいでしょう。

参加者を削除
参加者アクティビティを一時停止

Memo 参加者のブロック

迷惑な参加者をブロックしたい場合は、［連絡先］からブロックを行う必要があります。連絡先についてはP.100を参照してください。

1 ミーティング画面で［セキュリティ］をクリックします。

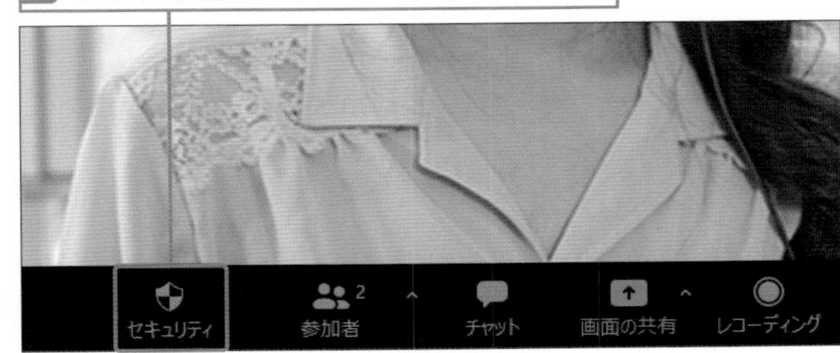

2 ［ミーティングのロック］をクリックします。

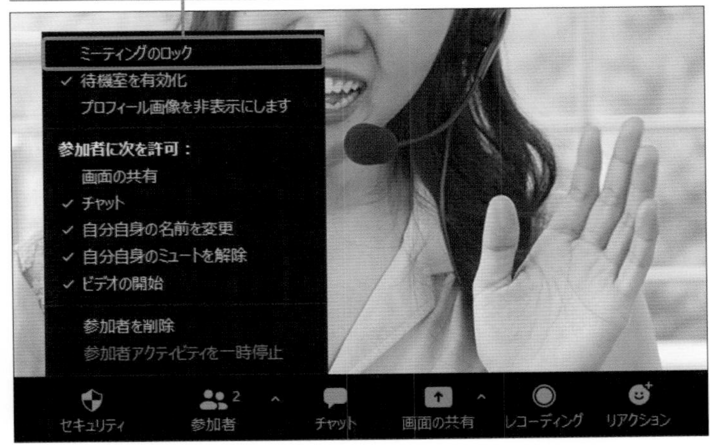

3 ミーティングがロックされます。

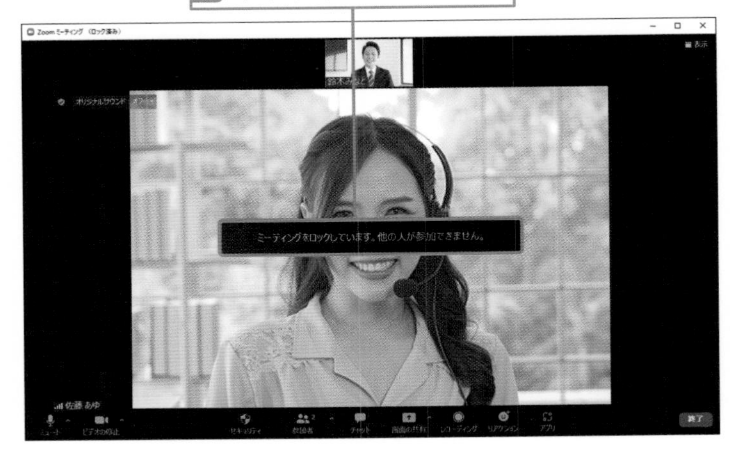

Section 27

パーソナルミーティングとインスタントミーティングとは?

ここで学ぶのは
- パーソナルミーティング
- インスタントミーティング
- マイ個人ミーティングID

Zoomのミーティングには「パーソナルミーティング」と「インスタントミーティング」というものもあります。ここではその違いと設定などについて解説をしていきます。特性を理解して、通常のミーティングと使い分けてうまく利用するとよいでしょう。

1 パーソナルミーティングを設定する

解説 パーソナルミーティングとは

パーソナルミーティングとは、常にアクセスができるミーティングのことで、全員が退出してもIDとパスコードが変わらず同じミーティングルームに入室することができます。通常のミーティングでは、IDやパスコードはミーティングのたびに違うものが割り当てられているので、定期的に同じメンバーと会議をする場合などに、パーソナルミーティングを設定するとよいでしょう。

Hint パーソナルミーティングの予約

パーソナルミーティングを予約するには、右の手順で[マイ個人ミーティングID (PMI) を使用]をオンにした状態で、ミーティングを予約しましょう。

1 ホーム画面から[新規ミーティング]の右にある⌄をクリックします。

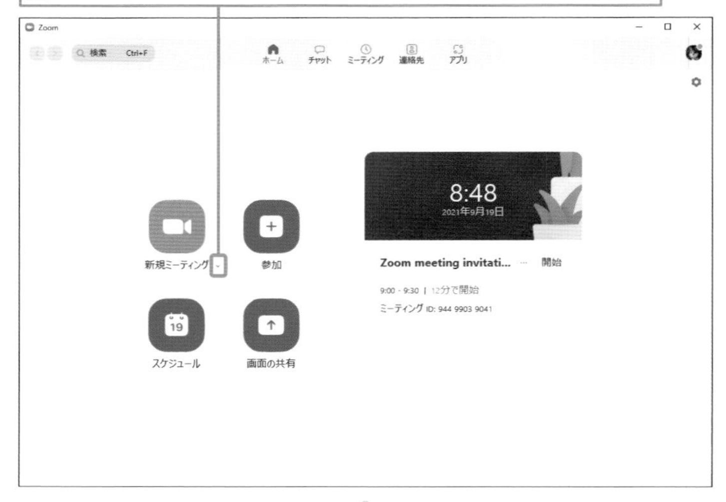

2 [マイ個人ミーティングID (PMI) を使用]をクリックしてオンにします。

3 パーソナルミーティングが設定されます。

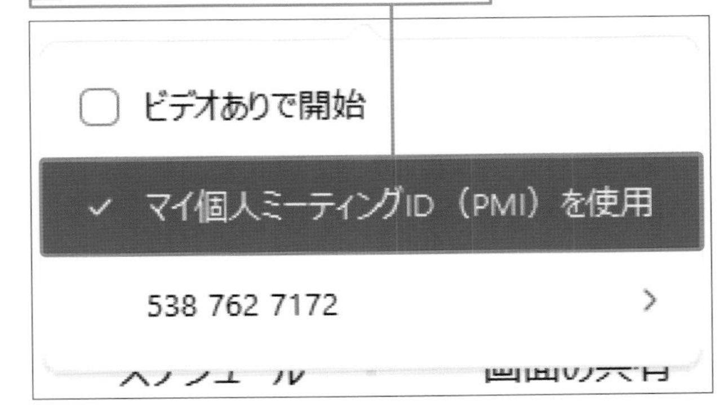

Hint ロックするとどうなる?

パーソナルミーティングをロックすると、IDやパスコードを入力しても入室できません。なお、ロック方法についてはP.69を参照してください。

2 インスタントミーティングを開始する

1 ホーム画面から［新規ミーティング］をクリックします。

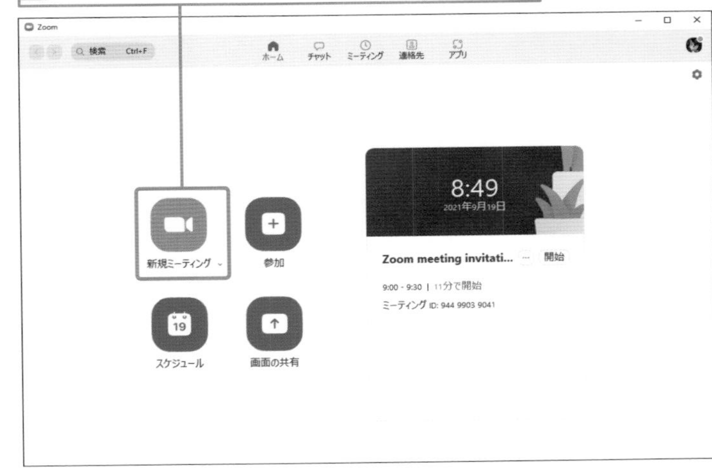

2 インスタントミーティングが開始されます。

解説 インスタントミーティングとは

インスタントミーティングとは、予約などをせずに「今すぐミーティング」を開始することをいいます。インスタントミーティングでもマイ個人ミーティングIDを使用することができます。すぐにミーティングを開始できるので、急に会議が必要になった場合に利用するとよいでしょう。

Memo インスタントミーティングの招待

インスタントミーティングでは予約のようにあらかじめ招待することができないので、手順2でミーティング画面が開いたあとに参加者を招待しましょう。招待の方法はP.56を参照してください。

Section
28 参加者を強制的に退出させよう

ここで学ぶのは
- 参加者を退出させる
- 参加者を削除する
- 迷惑な参加者の報告

迷惑行為などで会議が進まない場合、参加者を強制的に退出させることができます。強制的に退出させた場合は、その参加者は同じミーティングに再度入室することができなくなります。

1 メニューから退出させる

再度入室させることはできない

退出させられた参加者は、二度と同じアカウントで同じミーティングに参加することができません。誤って退出させた場合は、一度ミーティングを終了し再度ミーティングを開始すると入れるようになります。

再度入室させたくない

迷惑行為などで退出させた参加者が、別のアカウントから再度入室してくる可能性もあります。もう一度入室させたくない場合はミーティングをロックしましょう（P.69参照）。

1 ミーティング画面で［セキュリティ］をクリックします。

2 ［参加者を削除］をクリックします。

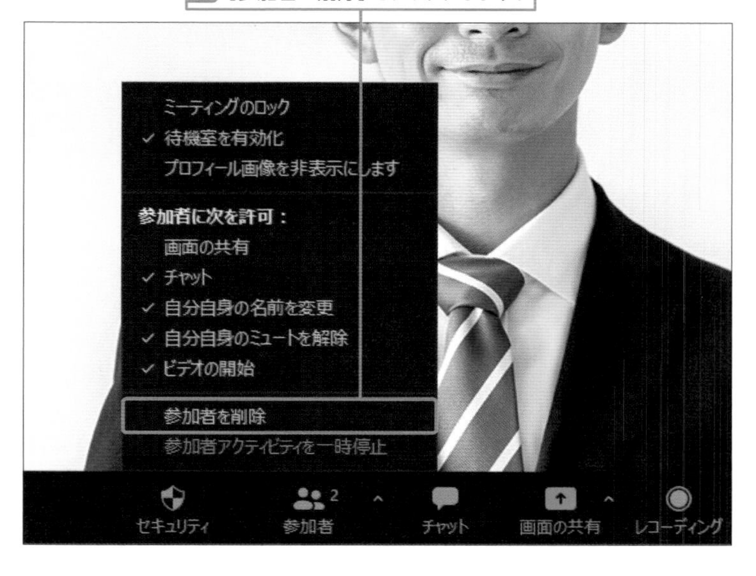

Memo 画面から退出とメニューから退出の違い

画面から退出させる操作はギャラリービューでのみ可能です。スピーカービューを利用している場合は、メニューから退出させる操作を行いましょう。なお、ギャラリービューではどちらの操作でも可能です。

3 退出させたい参加者の［削除］をクリックします。

2 画面から退出させる

Memo 報告を行う

迷惑な参加者を退出させる前に報告することもできます。報告するには、手順2で［報告］をクリックし、報告内容を設定して［送信］をクリックします。なお、この操作はブロックとは異なるので注意をしましょう。

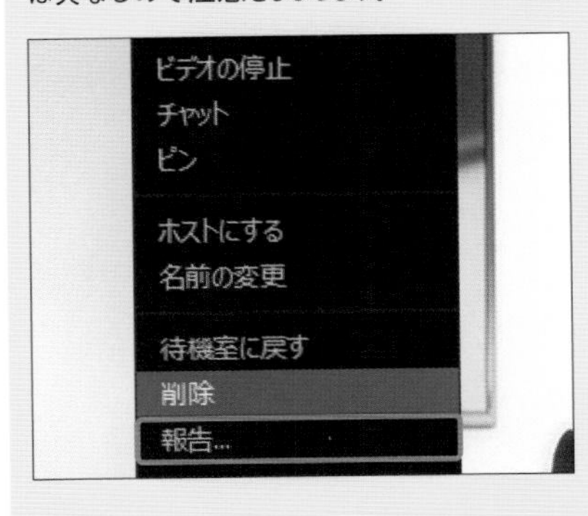

1 ミーティング画面で退出させたい参加者の画面に右クリックまたはマウスポインターを乗せて…をクリックします。

2 ［削除］をクリックします。

Section 29

ミーティングルームを終了しよう

ここで学ぶのは

- ホストの退出
- ホストの割り当て
- ミーティングの終了

会議が終了し、ミーティングを終了させたい場合、ホストではその操作を行うことができます。全員に対してミーティングを終了すると、全員退出状態になります。ホストを他のメンバーにゆだねることも可能です。

1 ミーティングを終了する

Memo ホストが退出すると？

手順 2 で［ミーティングを退出］をクリックすると、ミーティングが終了せずに自分だけ退出します。ホストが退出した時は、ミーティングに残っている参加者の誰かをホストに指定します。誰がホストになるかはそのタイミングで指定できますが、P.67 のMemoを参照して、先に誰かにホストをゆだねておくとよいでしょう。

1 ミーティング画面で［終了］をクリックします。

2 ［全員に対してミーティングを終了］をクリックします。

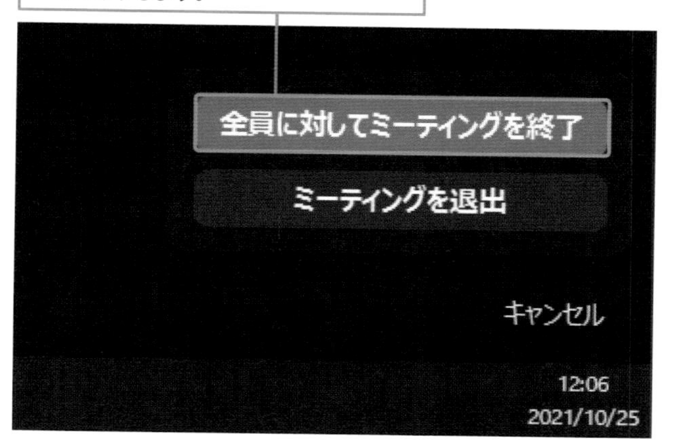

第 4 章

Zoomの活用ワザ・便利ワザ

この章では、プロフィールの編集やミーティングのロック、通知設定など、Zoomを便利に使うためのワザを豊富に紹介しています。また、より安全に使うためのセキュリティ対策についても解説しています。しっかり内容を押さえておきましょう。

Section

30 プロフィールを編集しよう

ここで学ぶのは

- プロフィールの確認
- 名前の編集
- アイコンの変更

アカウントを作成したあとに名前を変更したいときは、Webサイトのマイプロフィール画面から行いましょう。名前はビデオ会議中にも表示されるため、部署名などを記載しておくと、相手に自分が誰だかわかりやすくなります。

1 名前を編集する

Memo プロフィールは ほかの人に見られる

設定したプロフィールはほかの人にも見られます。相手を不快にするようなものはもちろん、必要以上に個人情報を載せるようなことはやめておきましょう。

Memo ユーザーの情報を伝える アクティビティ

手順2の画面で、名前の横に表示されている丸いアイコンは自分のアクティビティを表しています。緑は利用可能な状態、グレーは退席中、赤は着信拒否を示しています。なお、アイコンの変更方法については、P.104を参照してください。

利用可能

退席中

着信拒否

1 ホーム画面から、右上の歯車のアイコンをクリックします。

2 ［プロフィール］をクリックします。

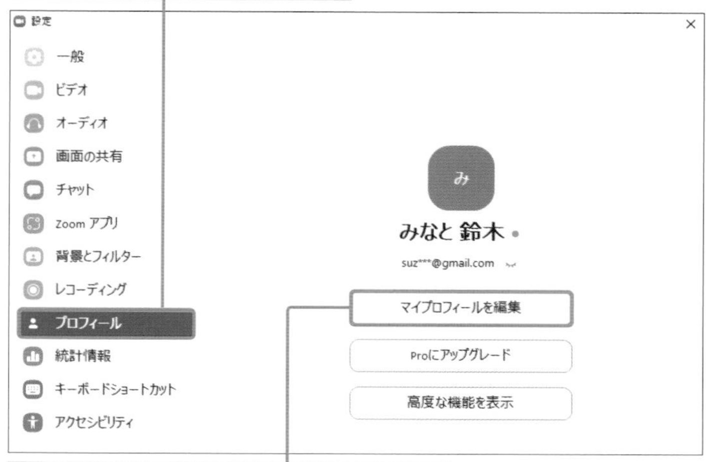

3 ［マイプロフィールを編集］をクリックします。

Memo サインインをする

手順4の画面の前にサインインの画面が表示される場合があります。その場合はメールアドレスとパスワードを入力してサインインしましょう。

Hint 設定画面が常に前面表示されるとき

[マイプロフィールを編集]をクリックしてWebサイトが表示されても、設定画面が前面に表示されてしまうことがあります。そのときは設定画面を×で閉じてしまってもかまいません。

解説 表示名とは

表示名は、相手の画面に表示される名前です。所属する部署などを記入しておくと、誰であるかがすぐにわかります。

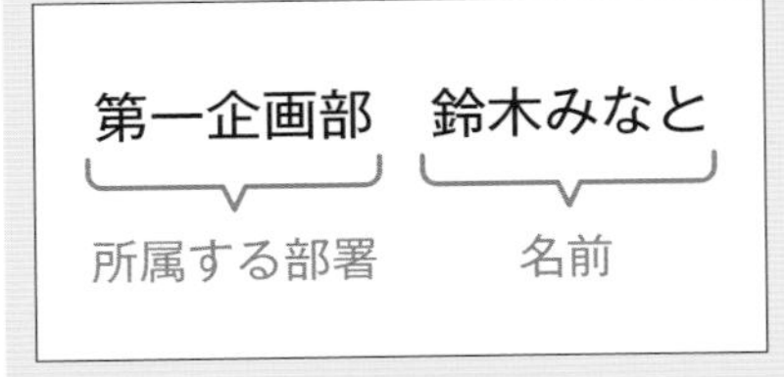

4 ブラウザーが立ち上がり、Webサイトのマイプロフィールが表示されるので、名前の横の[編集]をクリックします。

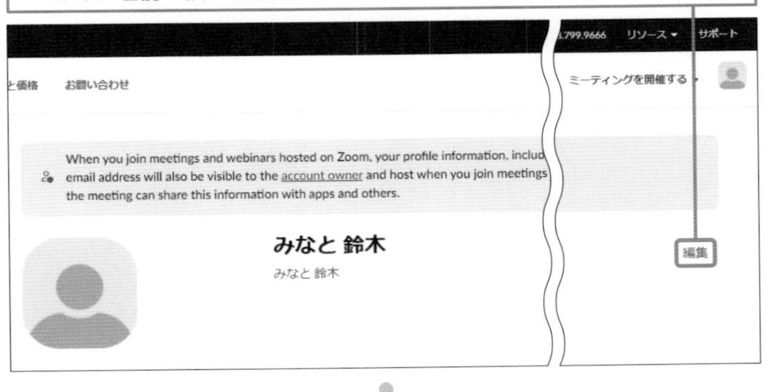

5 名前を編集します。

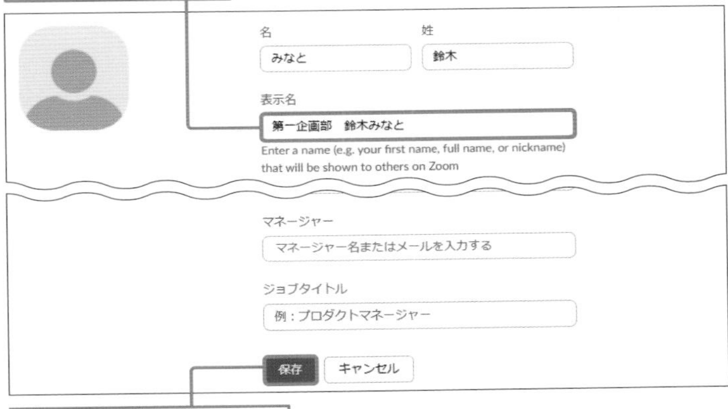

6 [保存]をクリックします。

7 左ページを参考にプロフィール画面を開くと、名前が変更されていることを確認できます。

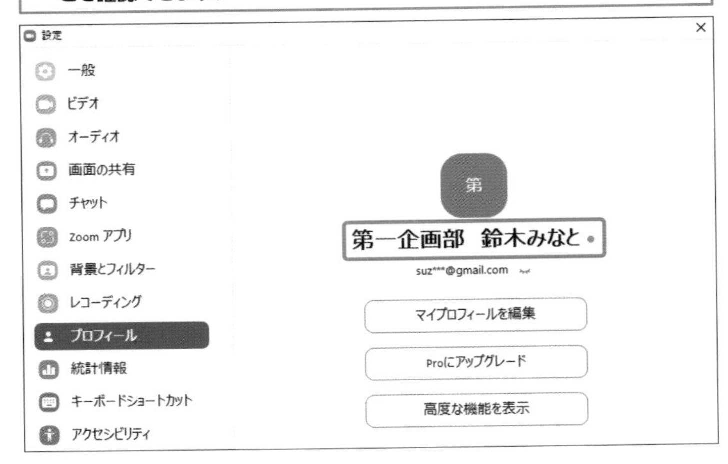

2 プロフィールアイコンを変更する

Memo **アイコンの変更**

プロフィールアイコンを自分の顔写真などに変更すると、相手に自分が誰であるか伝わりやすくなります。また、会社で同姓同名の人がいる場合などにわかりやすくなります。

Memo **画像サイズとファイル形式**

プロフィールに設定できる写真のサイズは2MBまでです。それ以上のサイズの写真は設定できないので注意しましょう。なお、使用できる画像のファイル形式はjpeg、gif、pngのみです。

1 P.77手順4の画面で［編集］をクリックします。

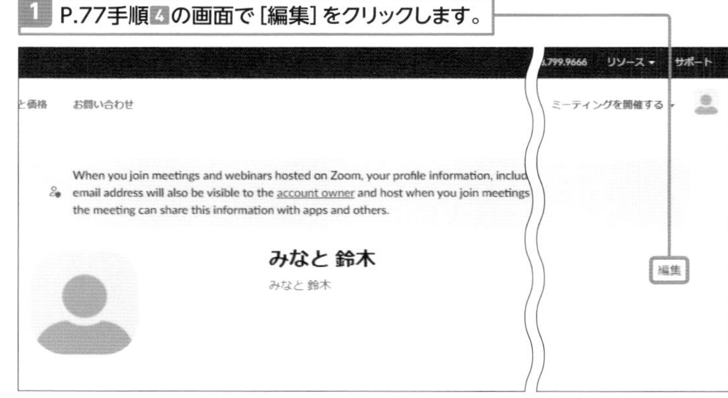

2 プロフィールアイコンをクリックします。

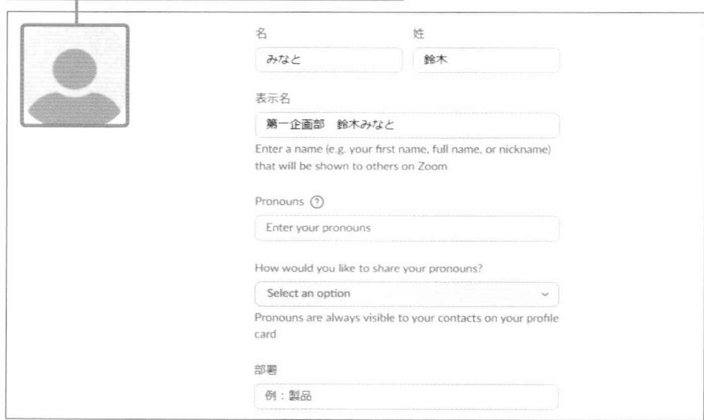

3 ［ファイルを選択］をクリックします。

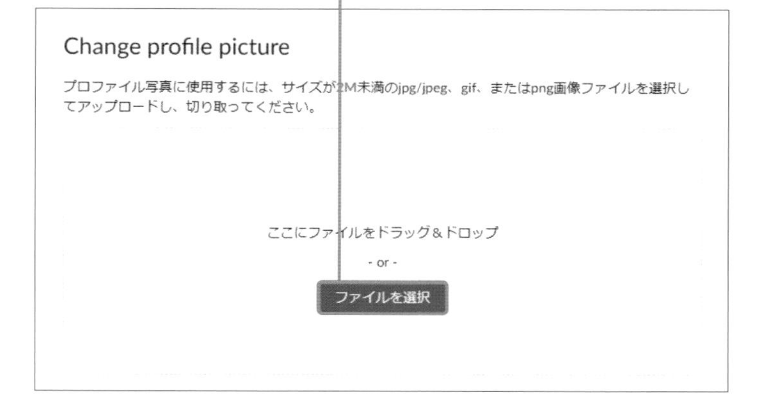

Memo 簡単に顔写真を用意する

アイコン画像はどんな写真でもよいのですが、自分だとわかるように顔写真を用意しておくとよいでしょう。顔写真はスマートフォンで撮影した自撮り写真でもかまいません。

4 ダイアログが開くので、設定したい画像を選択します。

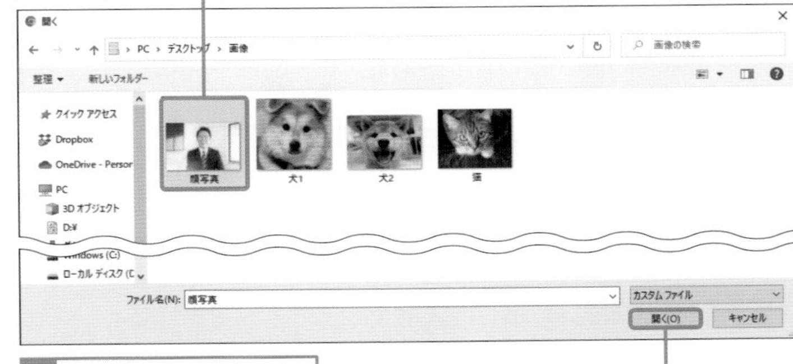

5 ［開く］をクリックします。

6 画像の範囲をドラッグして設定します。

7 ［保存］をクリックします。

8 ［保存］をクリックします。

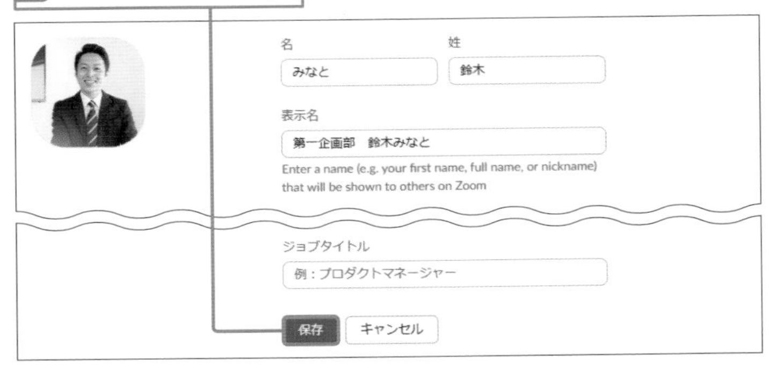

Hint トリミングできる範囲

写真はドラッグすることで大きさを変えたり写す範囲を調整したりできます。右側のサムネイル部分にプレビュー表示されるので、確認しながら調整することができます。

Memo 画像を変更する

手順6の画面で左下の［Change］をクリックすると、画像を選択し直すことができます。

Section 31

ミーティング中に名前を変更しよう

ここで学ぶのは
- スクリーンネーム
- 名前の変更
- 参加者の名前の変更

ビデオ会議中に自分の名前を変更することができます。外部の人とビデオ会議するときなどは、相手にとってわかりやすい名前に変えておくとよいでしょう。なお、相手の名前を変えることもできます。

1 ミーティング中に自分の名前を変更する

Memo ミーティング中に名前を変更したい場面

参加者に同じ名字の人がいるときに、名字だけの名前だけで参加すると、ほかの参加者の混乱を招いてしまいます。そういった時のために、ミーティング中に自分の名前を変更する方法を覚えておきましょう。

Memo プロフィールアイコンの変更

手順3で[プロファイル画像を編集]をクリックすると、プロフィールアイコンを変更することができます。ここでプロフィールアイコンを変更すると、ほかのミーティングでもそのアイコンが表示されます。

1 ミーティング中に、画面下部の[参加者]をクリックします。

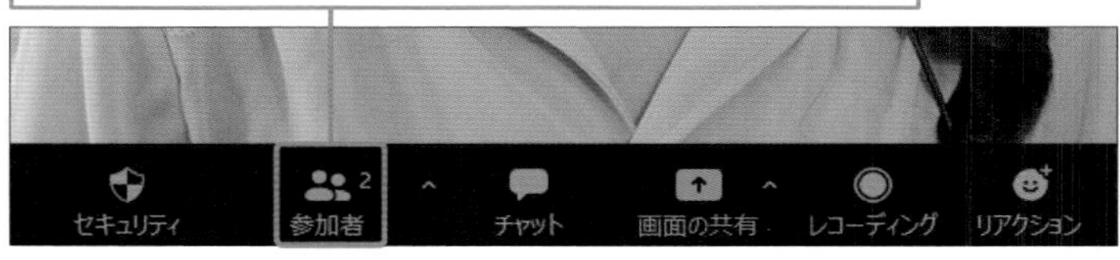

2 右側に参加者の一覧が表示されるので、自分の名前にマウスポインターを乗せ、[詳細]をクリックします。

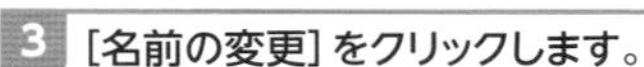
3 [名前の変更]をクリックします。

解説 スクリーンネーム

スクリーンネームとは、画面上に表示される名前のことです。外部の人とミーティングするときなど、一時的に変更しておくと、相手に自分が誰であるかがわかりやすくなります。たとえば、複数の会社で会議をする場合は、名前の前に会社名を付けるなどするとよいでしょう。

4 名前を編集します。

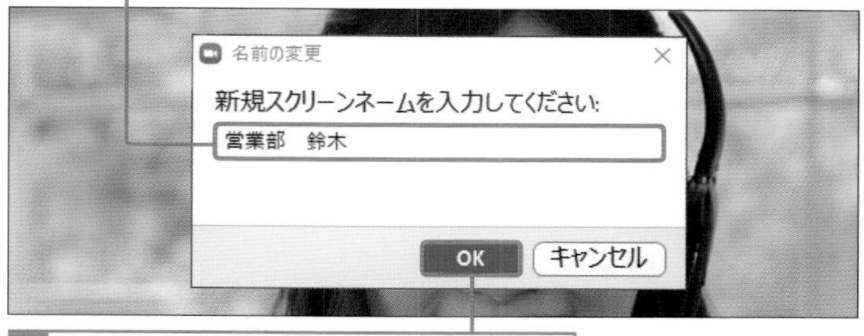

5 [OK] をクリックすると、名前が変更されます。

2 ミーティングに参加しているメンバーの名前を変更する

Memo 変更できるのはホストのみ

参加者の名前を変更できるのはミーティングのホストのみです。参加者からホストや別の参加者の名前を変更することはできません。なお、参加者が自身の名前を変更することはできます。

1 左ページ手順3の画面で、参加者にマウスポインターを乗せ、[詳細] をクリックします。

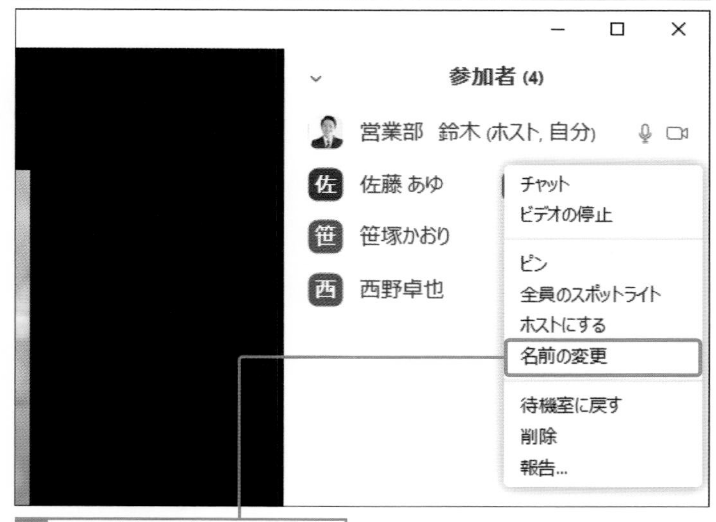

2 [名前の変更] をクリックします。

Memo スクリーンネームの変更

ミーティング中にホストが変えることができるのは、そのミーティングのスクリーンネームのみです。ここで変更した名前はほかのミーティングなどには表示されません。

3 わかりやすい名前に編集します。

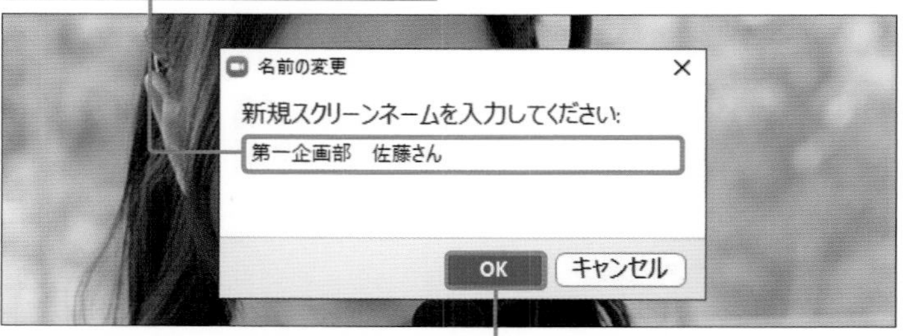

4 [OK] をクリックすると、参加者の名前が変更されます。

Section
32 ミーティング中にビデオをピン留めしよう

ここで学ぶのは

- ビューの変更
- ピン留め
- ピン留めの解除

特定のメンバーを大きく表示させておきたいときは、ビデオをピン留めしましょう。大勢のメンバーが参加しているミーティングで利用すると、注視したい相手などを常に大きく表示できるので便利です。なお、この機能はミーティングに参加している全員が使えます。

1 ビデオをピン留めする

解説 ビューの種類

Zoomには、参加者全員がサムネイル表示される「ギャラリー」、発言しているユーザーが大きく表示される「スピーカー」、参加者を仮想空間の中に表示できる「イマーシブ」の3つのビューが用意されています。

ギャラリー

スピーカー

イマーシブ

1 ミーティング中に（ここではギャラリービューにしています）、ピン留めしたい参加者のビューにマウスポインターを乗せ、⋯をクリックします。

2 ［ピン］をクリックします。

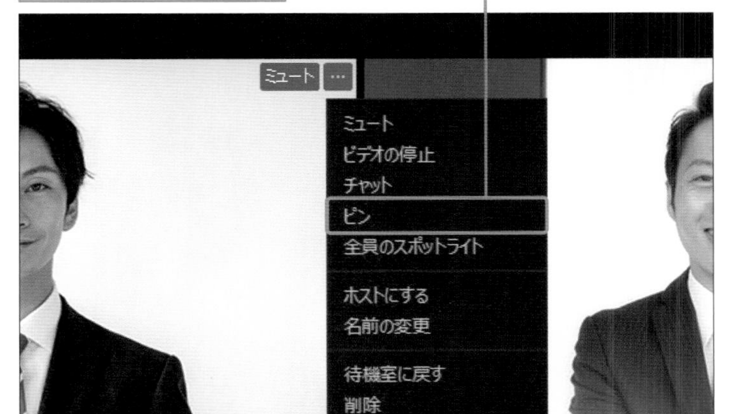

Memo **ピン留めしても通知はいかない**

ビデオをピン留めしても、ピン留めしたことが相手に伝わることはありません。ホストや上司など、注視したい相手をピン留め表示していても相手にはわからないので、気を遣わなくて済みます。

3 選択した相手の画面をピン留めすることができます。

2 ビデオのピン留めを解除する

1 ビデオの左上にある［ピンを削除］をクリックします。

2 ピン留めが解除されます。

Memo **表示を変える**

ビデオの表示方法を変えたいときは、手順 **2** の画面で右上の［表示］をクリックし、表示方法を選択しましょう。

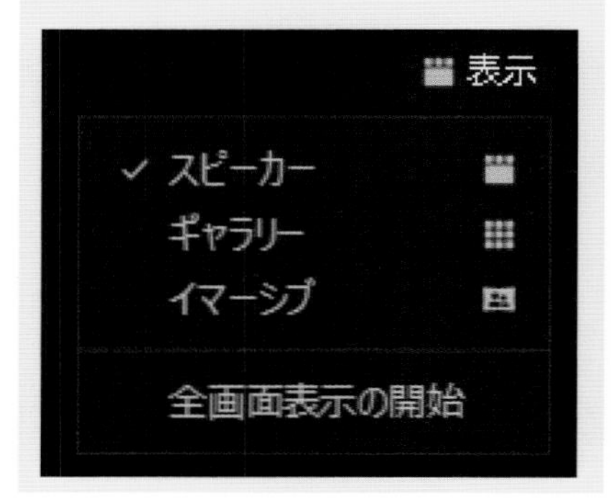

Section
33 チャットを保存しよう

ここで学ぶのは
- チャット
- チャットの手動保存
- チャットの自動保存

ビデオ会議中でも参加者とチャットでやり取りすることができますが、デフォルトではビデオ会議が終了するとチャットの内容は消えてしまいます。チャットを保存しておけば、あとから内容を見返すことができて便利です。

1 チャットを手動で保存する

Hint チャットの制限

手順2のチャット可能対象（参加者）を選択することで、チャットを送信できる人を制限することができます。

チャット可能対象（参加者）：
該当者なし
ホストと共同ホスト
全員
✓ 全員、またはプライベート

1 ミーティング中に、画面下部の［チャット］をクリックします。

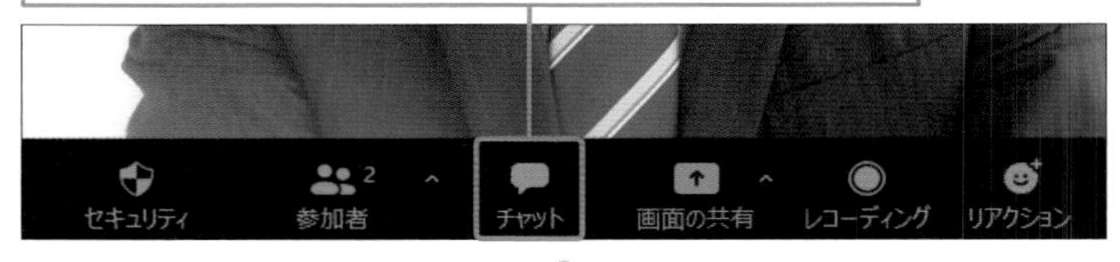

2 右側にチャットが表示されるので、下部の…をクリックします。

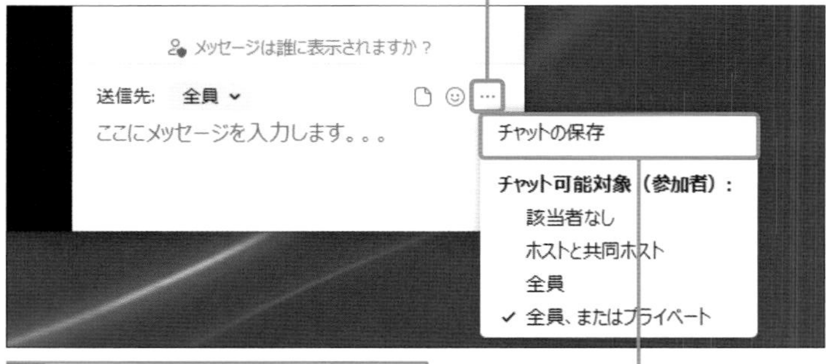

3 ［チャットの保存］をクリックします。

4 チャットがローカルの記録場所に保存されます。

Memo フォルダーに表示

手順3で［チャットの保存］をクリックすると、チャット下部に「チャットが保存されました」と表示されます。［フォルダーに表示］をクリックすると、記録されたフォルダが開きます。

2 チャットを自動で保存する

Memo 保存ファイル

チャットを自動で保存する設定にしておくと、ミーティングが終了したあとに保存されたテキストファイルが自動で開きます。

Hint チャットの保存場所

チャットの保存場所をデフォルトから変更したい場合は、ホーム画面から歯車のアイコンをクリックし、［レコーディング］をクリックすると表示される録画の保存場所で変更することができます。

ローカルレコーディング
録画の保存場所: D:\\Zoom ［開く］［変更］
残り 1436 GB です。

1 ホーム画面から、右上の歯車のアイコンをクリックします。

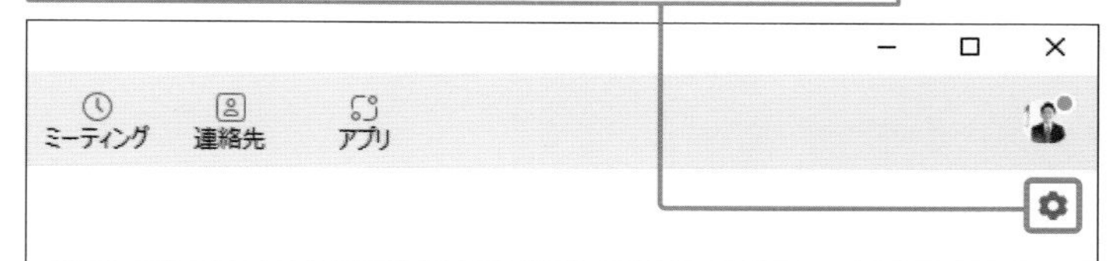

2 ［さらに設定を表示］をクリックします。

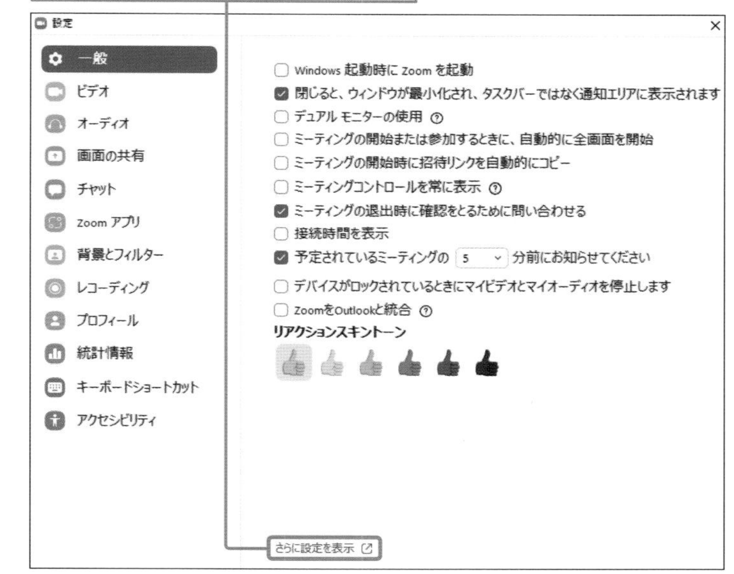

3 Webサイトが表示されるので、［ミーティングにて（基本）］をクリックします。

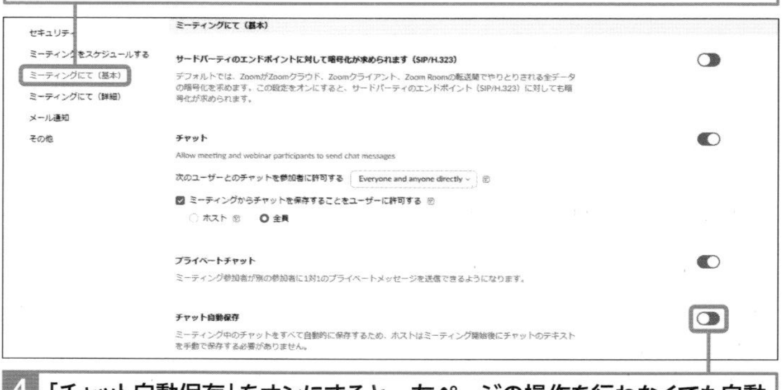

4 「チャット自動保存」をオンにすると、左ページの操作を行わなくても自動で保存されるようになります。

Section 34

プライベートチャットを利用しよう

ここで学ぶのは

- プライベートチャットの有効化
- 送信先の選択
- ダイレクトメッセージ

ビデオ会議中のチャットは、参加者全員に対してのものと、特定の相手のみに送れるプライベートチャットがあります。ほかの人には見られたくない内容をやり取りするときは、相手を指定してメッセージを送るようにしましょう。

1 プライベートチャットを有効にする

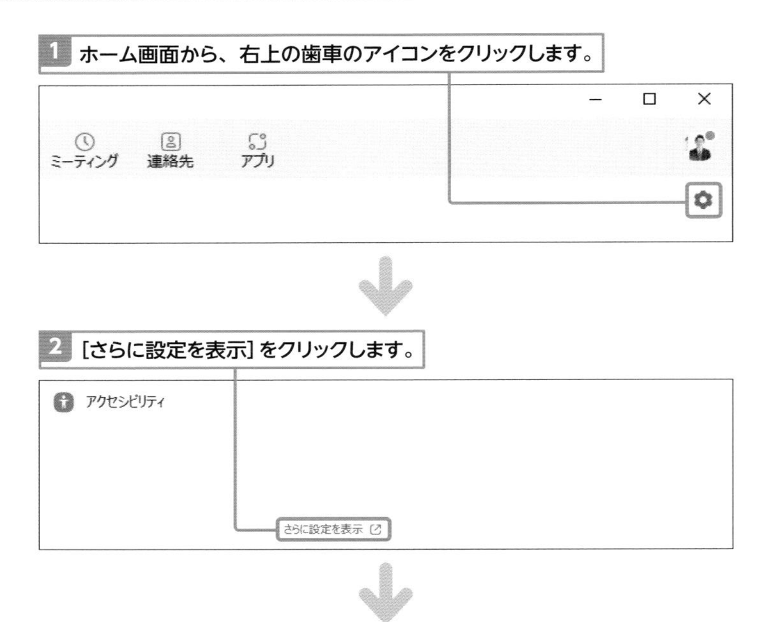

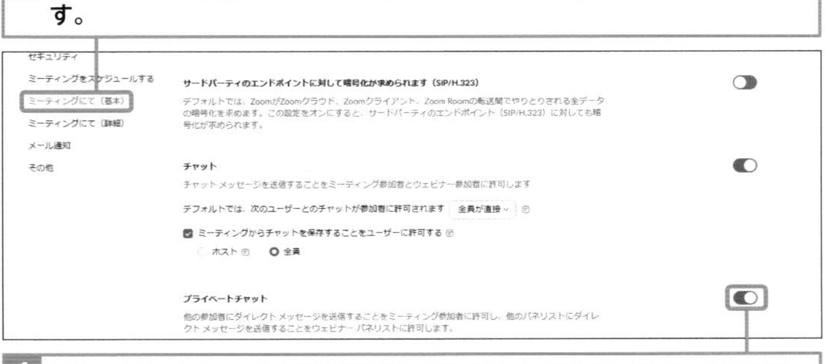

4 「プライベートチャット」が有効になっていることを確認します。オフになっている場合はオンにしましょう。

解説 プライベートチャットの有効／無効

プライベートチャットの有効／無効は、ミーティングのホストの設定が反映されるようになっています。参加者が有効にしていても、ホストが無効にしている場合はプライベートチャットを利用できません。

2 参加者とプライベートチャットを利用して会話する

Memo 参加者が２名のとき

参加者が自分を含めて２名の場合、そもそもほかの人にチャットが見られる心配がないのでプライベートチャットを使う必要はありません。

Memo ダイレクトメッセージ

「送信先」から特定の相手を選択すると、名前の横に赤色で「ダイレクトメッセージ」と表示されます。

（ダイレクトメッセージ）

Hint 送信先の選択

チャット欄で青字で表示されている名前（もしくは全員）をクリックすることで、自動で送信先を選択することができます。

自分から佐藤 あゆ: （ダイレクトメッセージ）

佐藤さん、明日の打ち合わせの件で、このミーティングのあと少しお話できます？

佐藤 あゆ自分に: （ダイレクトメッセージ）

大丈夫です！よろしくお願いいたします。

1 P.84手順1を参考にチャット画面を表示し、「送信先」のプルダウンメニューから、プライベートチャットをしたい相手の名前をクリックします。

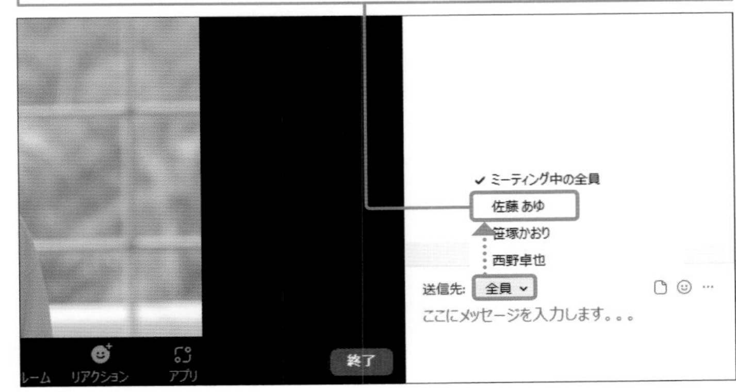

2 メッセージを入力して送信します。

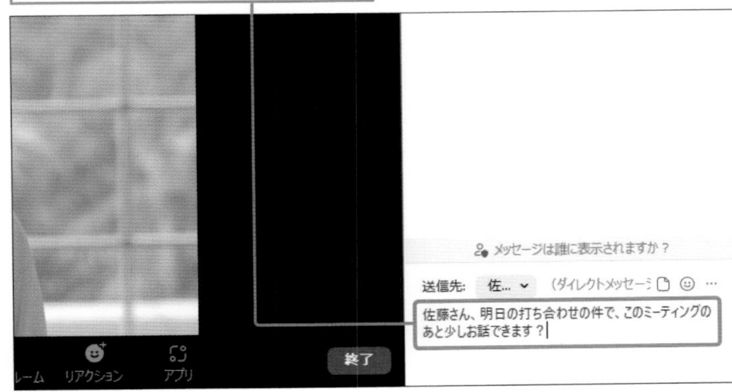

3 ほかの参加者に見られることなく、プライベートチャットでやり取りができます。

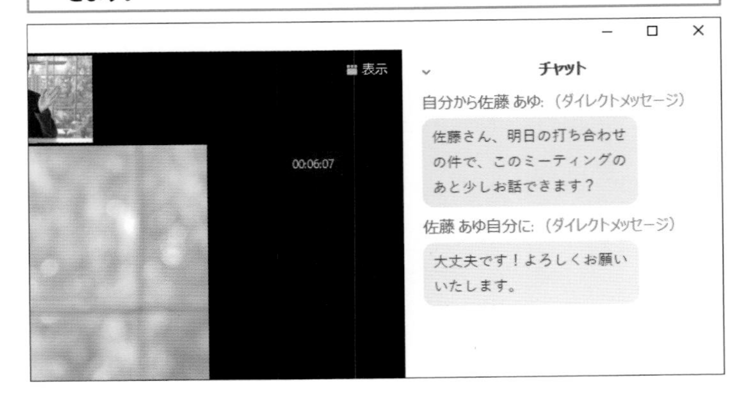

Section 35

ミーティングに字幕を追加しよう

ここで学ぶのは

- 字幕の有効化
- 字幕の入力
- 字幕入力の割り当て

周囲の環境や通信状況によって声が聞こえづらかったり、音声を出力できなかったりするときは「字幕機能」を利用しましょう。字幕機能は補足説明にも役立つので便利です。自分で入力できるほか、参加しているメンバーに割り振ることもできます。

1 字幕機能を有効にする

Hint ウィンドウ幅によって表示は変わる

手順3で表示される画面はウィンドウの横幅によって変わります。横幅が短いときは以下のようになります。

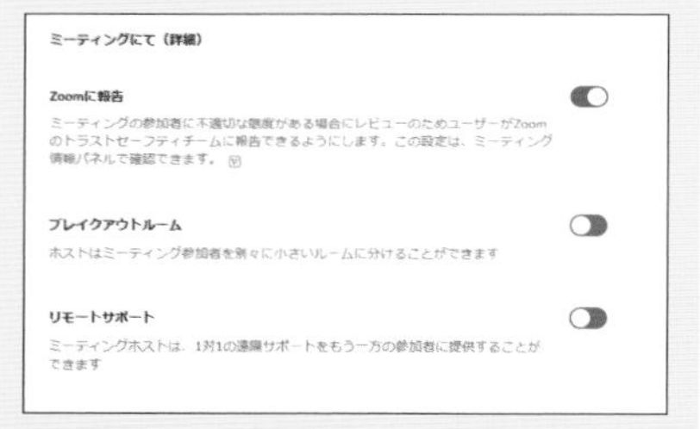

解説 字幕の表示方法

字幕が入力されると、参加者にも字幕ボタンが表示されるようになります。字幕の右に表示されている^をクリックし、［サブタイトルを表示］をクリックすると、画面の下に字幕が表示されます。

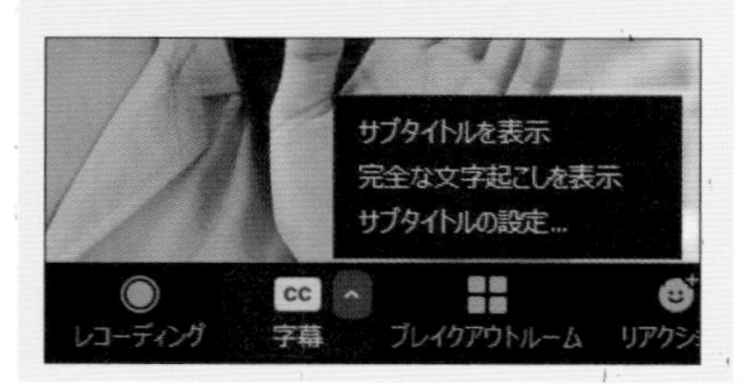

1 ホーム画面から、右上の歯車のアイコンをクリックします。

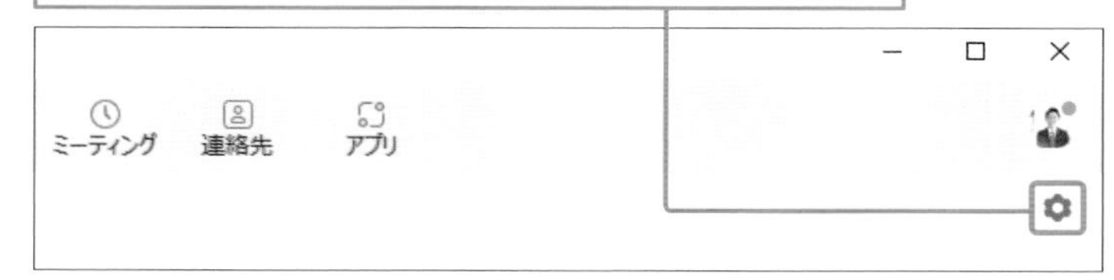

2 ［さらに設定を表示］をクリックします。

3 ブラウザーが立ち上がりWebサイトが表示されるので、［ミーティングにて（詳細）］をクリックします。

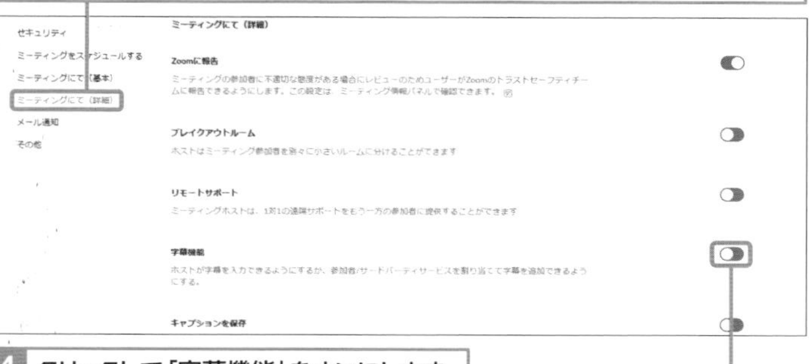

4 クリックして「字幕機能」をオンにします。

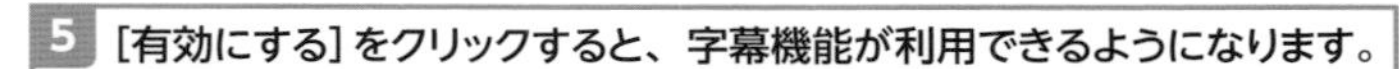

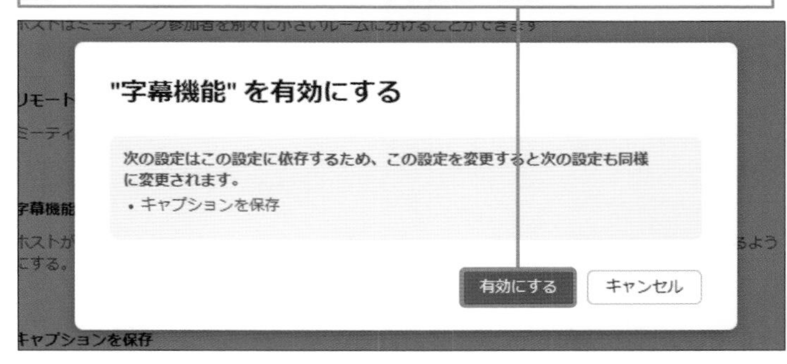

2 字幕を利用する

Hint 字幕の種類

手順2で[参加者をタイプに割り当てる]をクリックすると、字幕入力するメンバーを設定できます。右側に参加者の一覧が表示されるので、設定したいメンバーにマウスポインターを乗せ、[詳細]→[字幕入力の割り当て]をクリックしましょう。

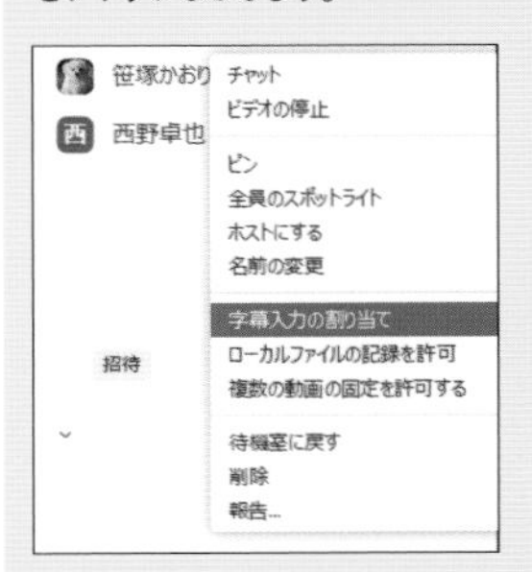

Hint ウィンドウが小さいとき

ウィンドウが小さいとき、[字幕]アイコンは[詳細]メニューの中にあります。

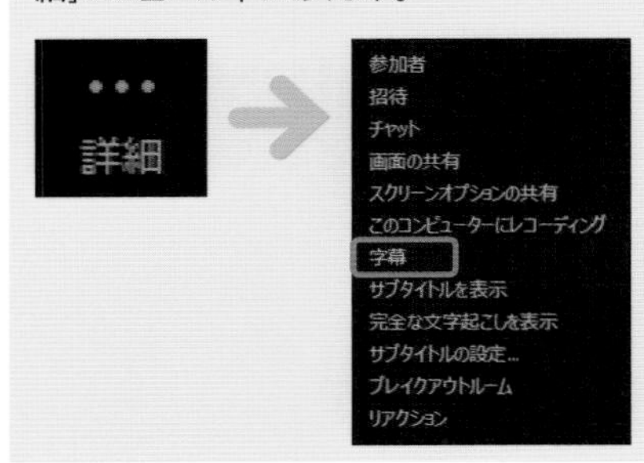

1 ミーティング中に[字幕]をクリックします。

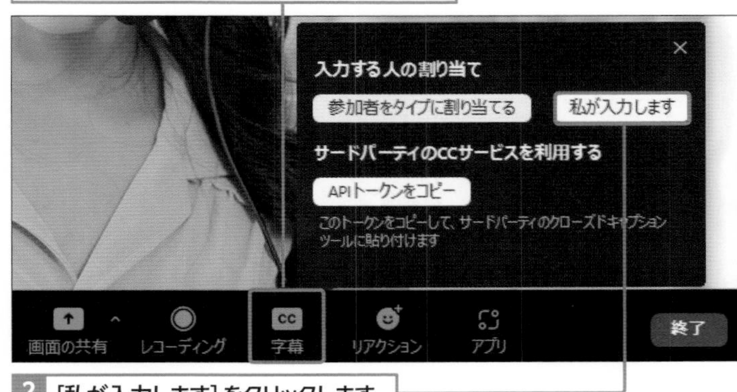

2 [私が入力します]をクリックします。

3 字幕ウィンドウが開くので、字幕を入力し、Enter キーを押すと、入力した内容が参加者の画面に10秒間表示されます。

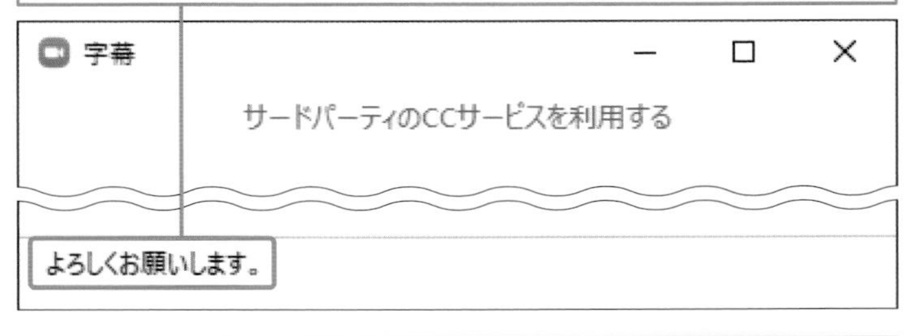

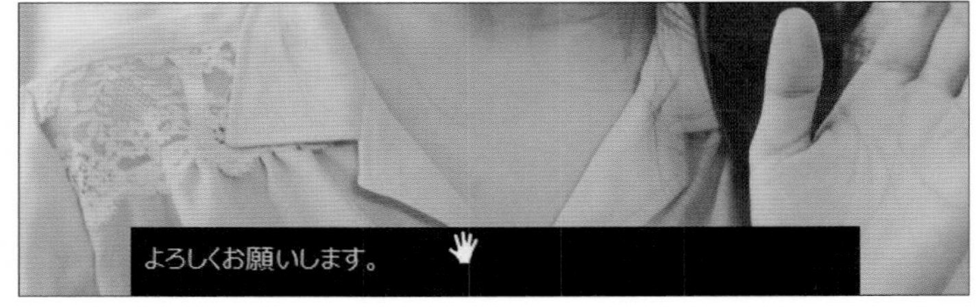

Section

36 録画したミーティングの保存場所を変更しよう

ここで学ぶのは
- ミーティングの録画
- 録画の保存場所
- 保存場所を開く

ミーティングは録画して保存しておくと、あとから見返したり、参加できなかったメンバーに共有したりする際に便利です。ここでは録画したミーティングの保存場所を変更する方法を解説します。

1 録画の保存先を変更する

Memo チャットの保存場所

チャットを保存した場合に保存される場所も録画の保存場所と同じです。

Memo 残りの容量

手順2の画面を表示すると、「録画の保存場所」の下に、「残り○○GBです。」と表示されます。これは保存場所に保存できる残りの容量であり、もしパソコン内の容量があまりないときは、外付けのHDDやSSDを利用するとよいでしょう。

残り71 GB です。

1 ホーム画面から、右上の歯車のアイコンをクリックします。

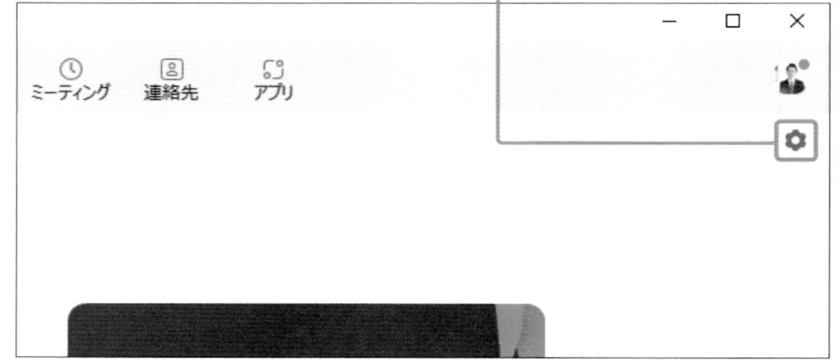

2 [レコーディング]をクリックします。

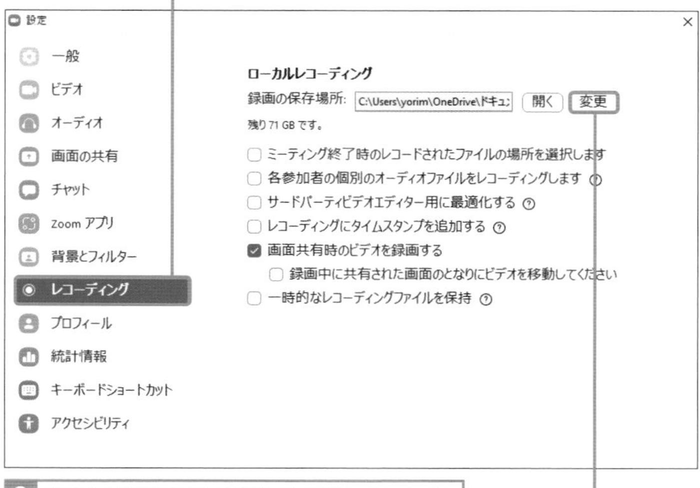

3 「録画の保存場所」の[変更]をクリックします。

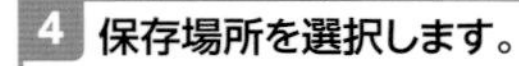

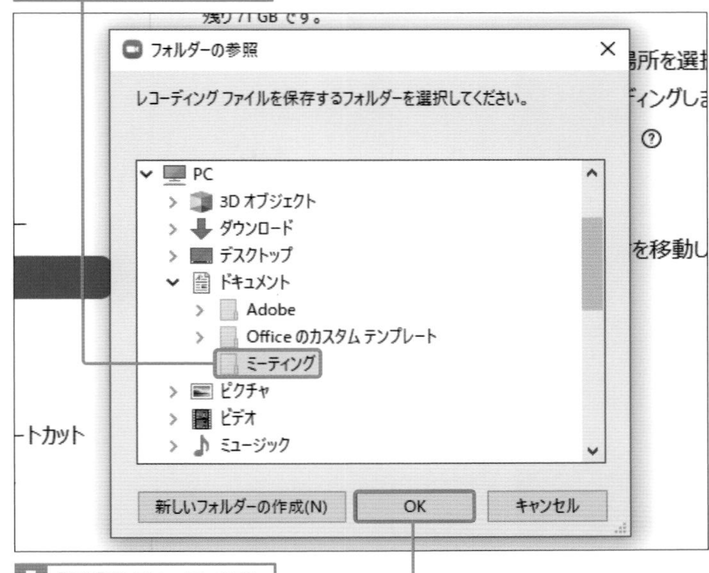

5 [OK] をクリックします。

6 手順2の画面に戻るので、「録画の保存場所」の [開く] をクリックします。

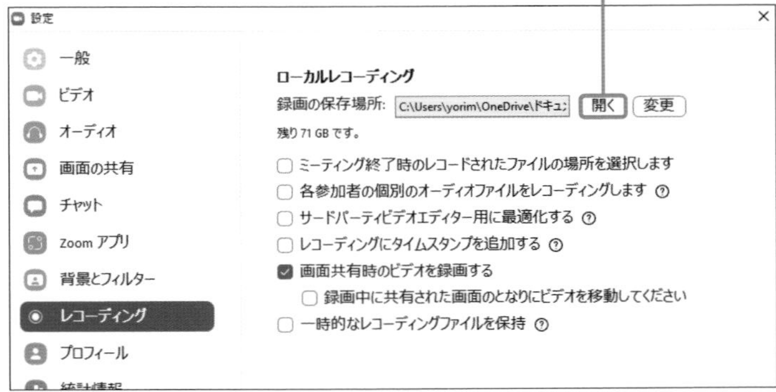

7 保存先のフォルダが表示されます。

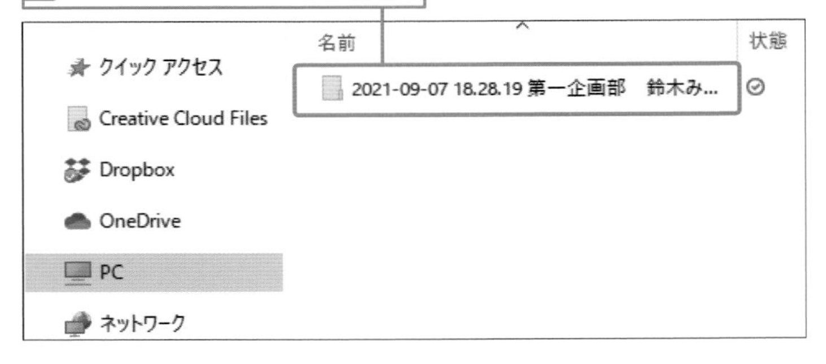

Memo フォルダの作成

手順4で［新しいフォルダーの作成］をクリックすると、新しいフォルダを作成でき、保存場所として指定することができます。

Memo フォルダの内部構造

実際の保存ファイルは指定したフォルダ内に作られるミーティングごとのフォルダの中にできます。

Hint フォルダを開く

Zoomを起動していなくても、エクスプローラーを起動して指定のフォルダにアクセスすることで録画データを確認することができます。

Section 37

リモート操作をしよう

ここで学ぶのは

- 遠隔操作
- 画面共有
- リモート制御

ミーティング中は、画面を共有しながら話し合うことも多いでしょう。画面共有中の操作はホストはもちろん、参加しているメンバーに渡すことができます。また、自分がホストでないときは、リモート操作をリクエストすることが可能です。

1 遠隔操作を有効にする

Memo リモート操作とは

Zoomのリモート操作とは、画面共有時に画面共有をしている人の画面を別の人が操作できるというものです。多人数でのミーティングの場合はリモートする相手を選ぶ必要があります。共有していない画面はリモート操作することができません。

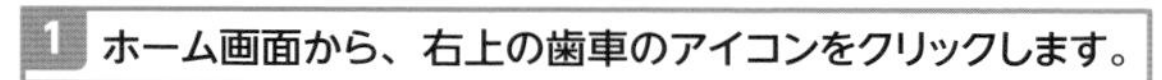

1 ホーム画面から、右上の歯車のアイコンをクリックします。

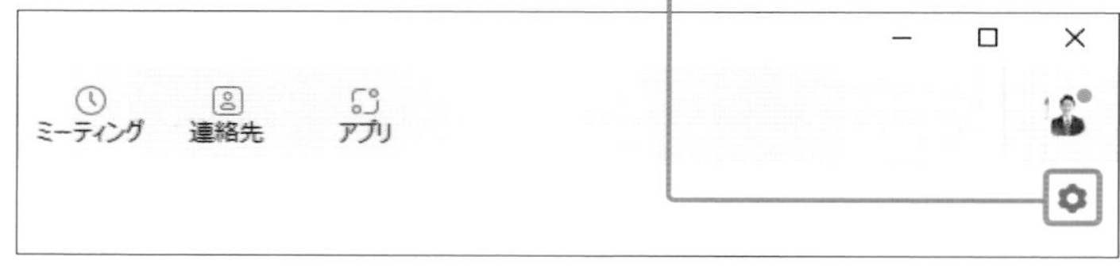

2 ［さらに設定を表示］をクリックします。

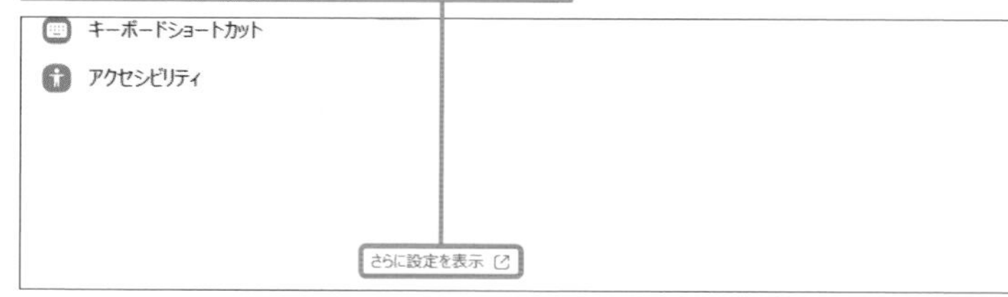

3 ブラウザーが立ち上がりWebサイトが表示されるので、［ミーティングにて（基本）］をクリックします。

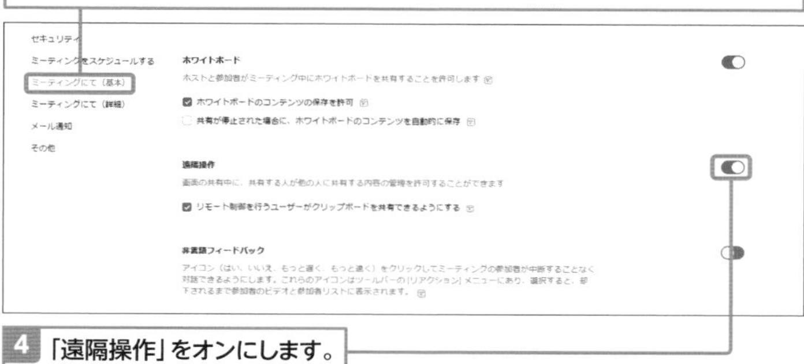

4 「遠隔操作」をオンにします。

解説 遠隔操作できるデバイス

遠隔操作できるのは、Windows、Mac、Linuxのデスクトップ版Zoomと、iPadのモバイルアプリ版Zoomです。スマートフォンでは利用できないので、遠隔操作を利用したいときは、パソコンまたはiPadを利用するようにしましょう。

2 リモート操作の権限をメンバーに許可する

Memo リモート操作の停止

メンバーによるリモート操作を停止したいときは、[遠隔操作]→[リモート制御の停止]をクリックします。

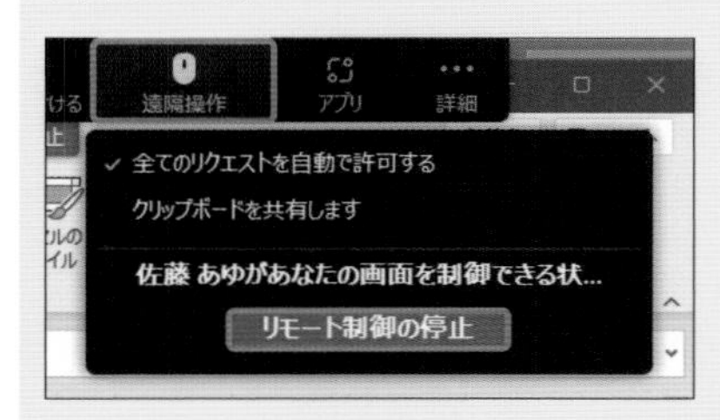

1 画面共有 (P.44参照) 中に、[リモート制御] をクリックします。

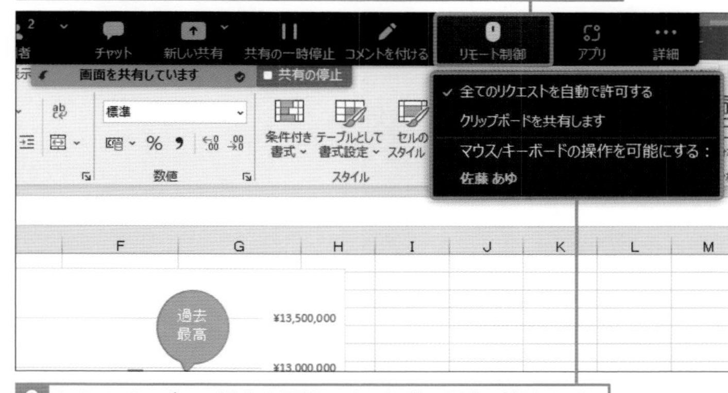

2 ほかのメンバーの操作を可能にするなどの設定が行えます。

3 リモート操作の権限を依頼する

Memo リクエストできない場合

手順2で「リモート制御のリクエスト」が表示されない場合は、遠隔操作が無効になっている可能性があります。左ページを参考に、遠隔操作を有効にしましょう。

1 メンバーが画面共有中に、[オプションを表示] をクリックします。

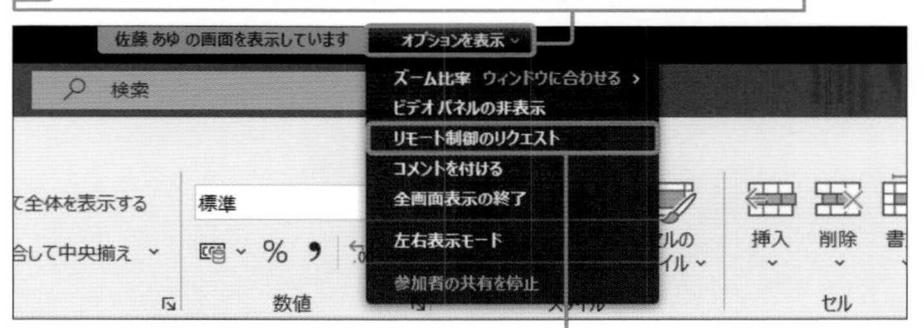

2 [リモート制御のリクエスト] をクリックします。

3 [リクエスト] をクリックすると相手にリクエストが送られ、許可されると画面操作が行えます。

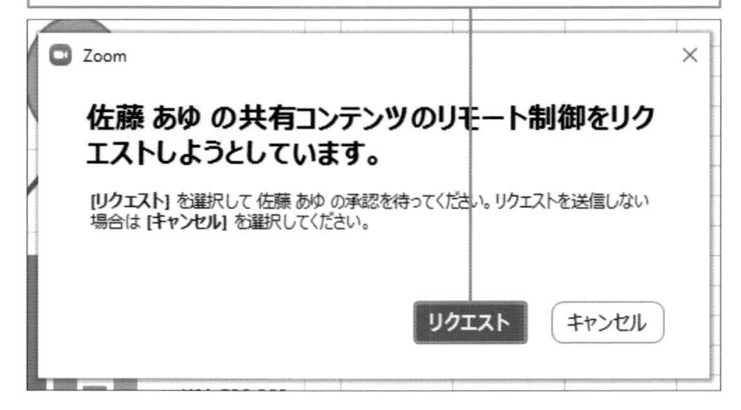

Memo リモート制御中の画面

相手にリモート制御されているときは、画面上部に「○○があなたの画面のコントロールを待機中(または制御中)」と表示されます。

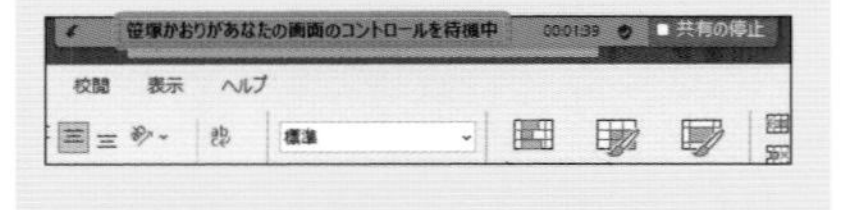

Section 38

ミーティングをロックしよう

ここで学ぶのは

- ミーティングのロック
- 待機室の有効化
- ロックの解除

セキュリティ対策の一環として、ミーティングに参加するメンバーが全員集まったら、ミーティングをロックしておくと安心です。ロックするとほかのメンバーが入室できなくなるため、意図しない参加者が入室するのを防ぎます。

1 ミーティングをロックする

解説 パスワードを設定する方法

意図しない参加者の入室を防ぐために、ミーティングをロックする方法のほか、パスワードを設定する方法もあります。セキュリティの設定についてはP.108を参照してください。

Memo 待機室の有効化

手順2で［待機室を有効化］をクリックしてチェックを付けると、ミーティングに参加したメンバーをいったん「待機室」に送ることができ、ホストが許可したメンバーのみミーティングに参加することができます。

ミーティングのロック
待機室を有効化
プロフィール画像を非表示にします

1 ミーティング中に、画面下部の［セキュリティ］をクリックします。

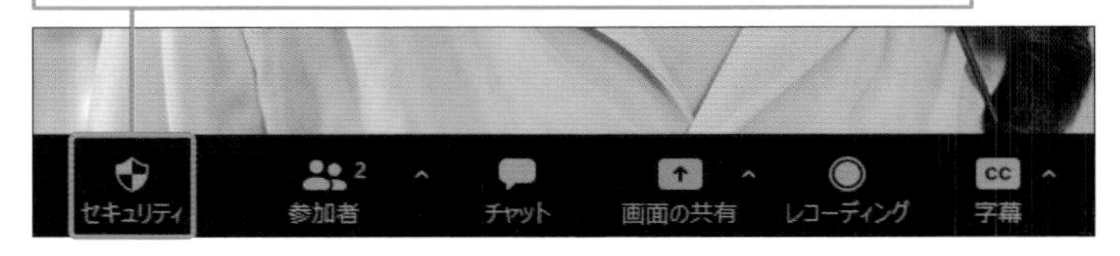

2 ［ミーティングのロック］をクリックします。

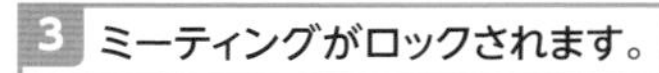
3 ミーティングがロックされます。

ミーティングをロックしています。他の人が参加できません。

Memo ミーティングに参加したい場合

ミーティングがロックされて入れない場合は、ホストに連絡するなどしてロックを解除してもらいましょう。ホストに連絡する際は、連絡先を交換している場合はZoomでのチャットで、それ以外の場合はメールやほかのメッセージツールを使いましょう。

4 ロックをかけられたミーティングに入室しようとすると、下のような画面が表示されます。

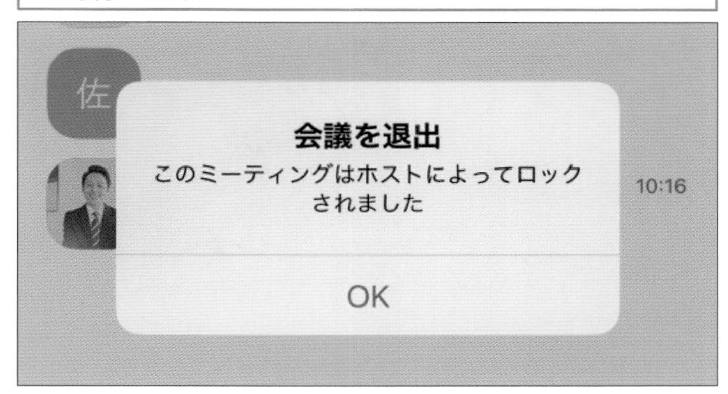

2 ミーティングのロックを解除する

Hint 参加者に許可する項目

ミーティングのロックや待機室を有効化するほかに、参加者に許可する項目を設定することができます。手順1の画面で、「参加者に次を許可」に項目が表示されているので、許可しても問題ない項目をクリックしてチェックを付けましょう。許可したくない場合はチェックを外します。

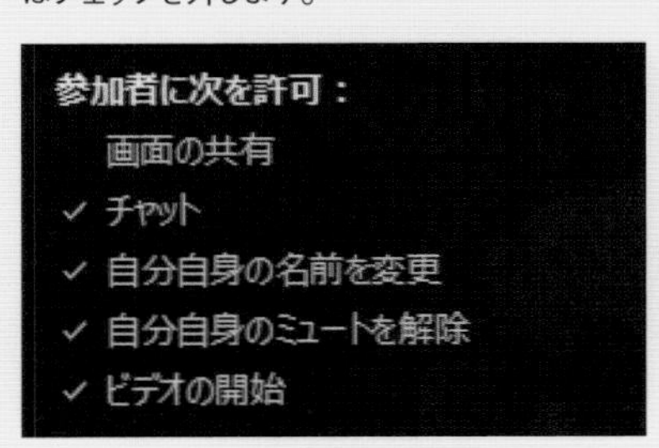

1 左ページ手順2の画面で［ミーティングのロック］をクリックしてチェックを外します。

2 ミーティングのロックが解除され、誰でもミーティングに参加できるようになります。

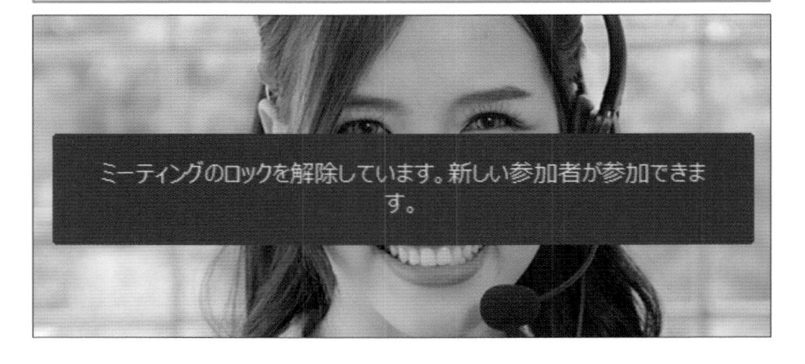

Section 39

参加者をグループ分けしよう

ここで学ぶのは
- ブレイクアウトルーム
- 事前割り当て
- ミーティング中の割り当て

大人数が参加するミーティングで、少人数に分かれて話し合いをしたいときに便利なのが「ブレイクアウトルーム」機能です。個別に画面共有もできるほか、ほかのグループに内容が知られることもないため安心です。

1 ブレイクアウトルームを有効にする

Memo グループの数

最大で50のグループを作成することができ、1つのグループにつき最大200人まで参加することができます。

Hint グループへの入退室

参加しているグループ以外のグループに自由に入退室できるのはホストのみです。ホスト以外はほかのグループに入室することができないため、会話を聞かれる心配もありません。

Memo 事前の割り当て

手順4でブレイクアウトルームをオンにすると、「スケジューリング時にホストが参加者をブレイクアウトルームに割り当てることを許可する」という文言が表示されます。チェックを付けて［保存］をクリックすると、事前の割り当てが可能になります。

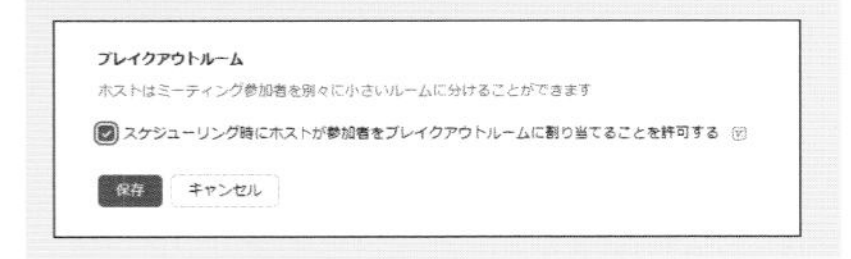

1 ホーム画面から、右上の歯車のアイコンをクリックします。

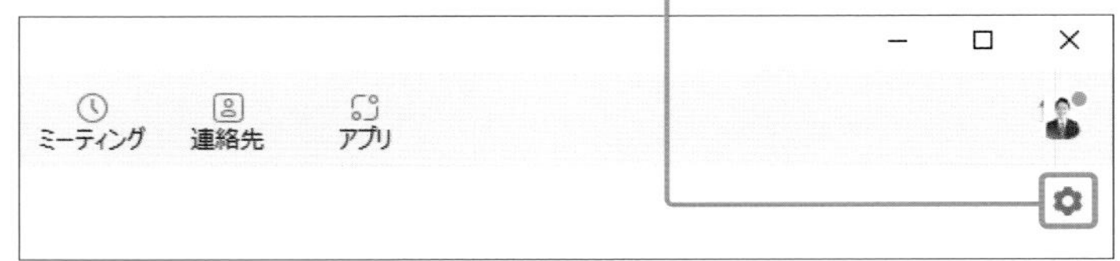

2 ［さらに設定を表示］をクリックします。

キーボードショートカット
アクセシビリティ
さらに設定を表示

3 Webサイトが表示されるので、［ミーティングにて（詳細）］をクリックします。

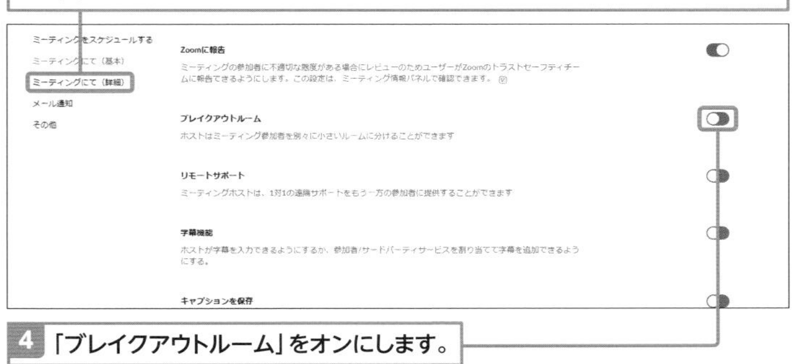

4 「ブレイクアウトルーム」をオンにします。

2 事前に参加メンバーを割り当てる

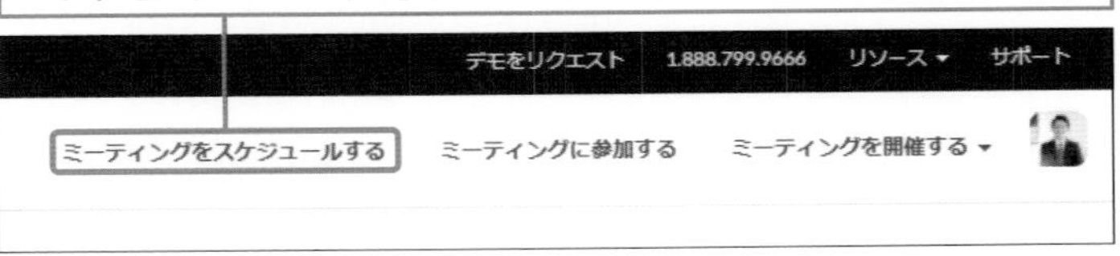

1 左ページの手順1～2を参考にWebサイトを表示し、右上の[ミーティングをスケジュールする]をクリックします。

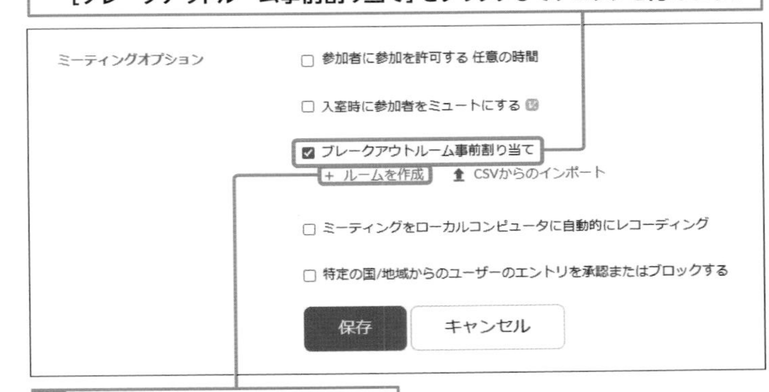

2 ミーティングの作成画面が表示されるので、「ミーティングオプション」の[ブレークアウトルーム事前割り当て]をクリックしてチェックを付けます。

3 [ルームを作成]をクリックします。

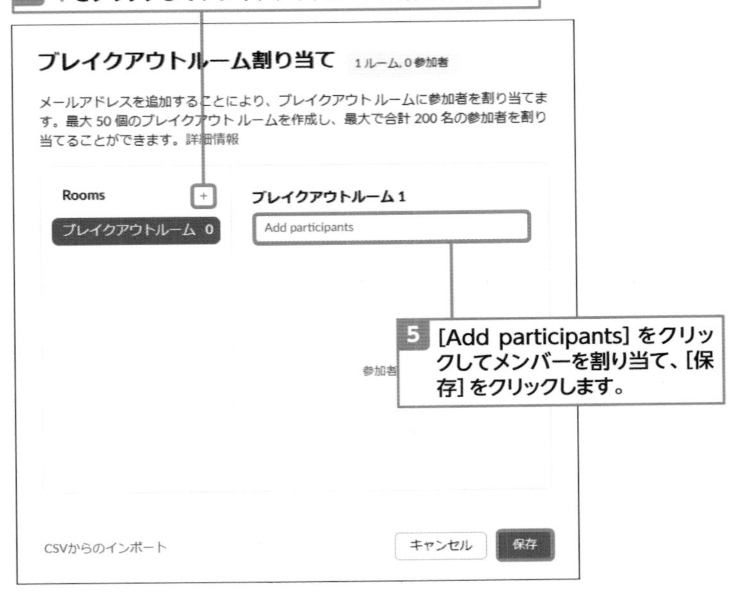

4 +をクリックしてブレイクアウトルームを作成します。

5 [Add participants]をクリックしてメンバーを割り当て、[保存]をクリックします。

Hint 設定項目がない場合

「ブレークアウトルーム事前割り当て」の設定項目がない場合は、左ページ下段のMemo「事前の割り当て」の設定を行う必要があります。

Memo CSVからのインポート

手順3で[CSVからのインポート]をクリックすると、CSVファイルから事前に参加者の情報をインポートすることができます。参加人数が多い場合などはこちらを利用すると便利です。

Memo 割り当て可能な参加者

事前に割り当てが可能な参加者は、ホストと同じ組織に属している参加者だけです(2021年10月時点)。外部の参加者もいる場合は、ミーティング中に割り当てましょう(P.98参照)。

3 ミーティング中に参加メンバーを割り当てる

Memo 割り当て方法

参加者の割り当て方法は、「自動」「手動」「参加者が選択」の３種類あります。
手順3で［自動で割り当てる］をクリックすると、各ルームに参加者が自動で割り当てられます。
［参加者によるルーム選択を許可］をクリックすると、手順1のように参加者の画面に「ブレイクアウトルーム」の項目が表示され、参加者が好きなルームを選択することができます。

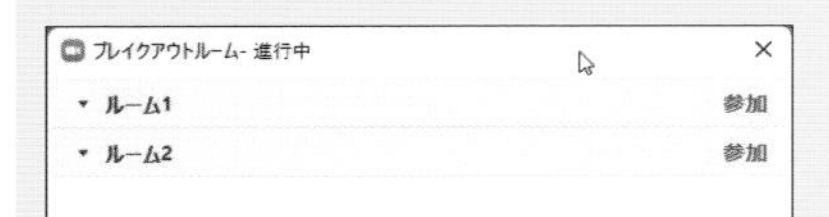

Hint オプション設定

手順6で左下の［オプション］をクリックすると、ブレイクアウトルームの詳細な設定が行えます。

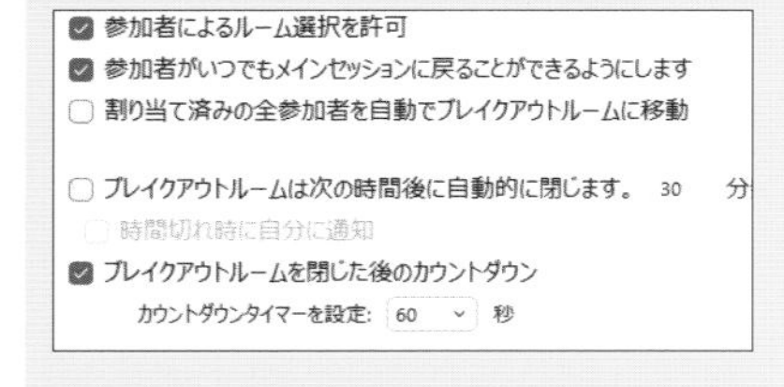

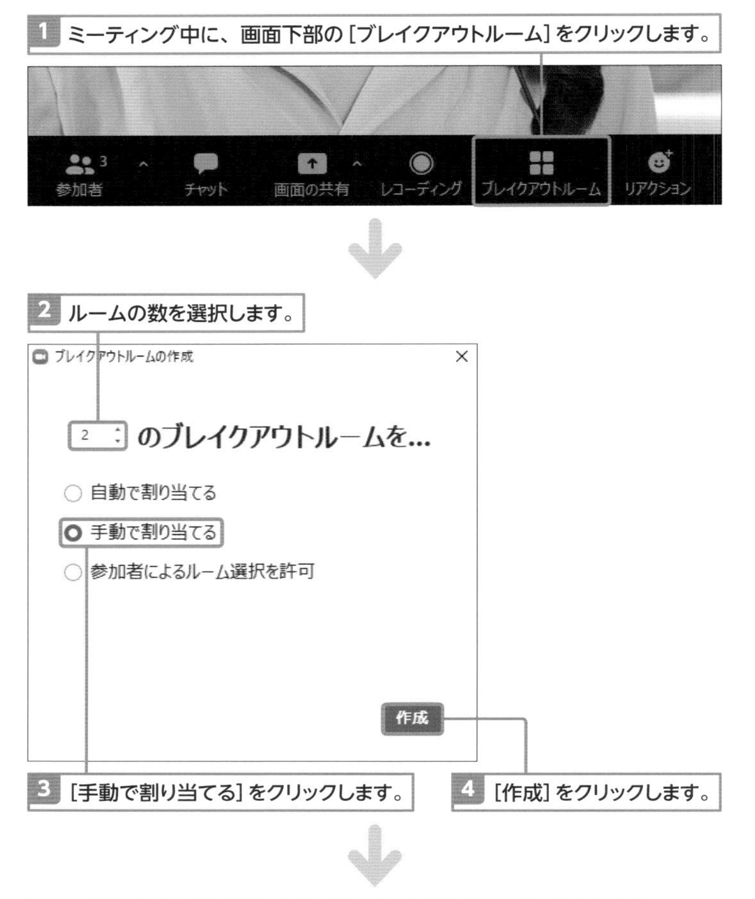

Section

40 アカウントを切り替えよう

ここで学ぶのは

- 複数のアカウント
- アカウントの切り替え
- サインアウト

Zoomは、メールアドレスが違っていれば、1人で複数のアカウントを作成することができます。仕事用とプライベート用とで使い分けることも可能です。アカウントの切り替え方法を覚えておきましょう。

1 アカウントを切り替える

Memo サインアウトでも可能

手順2で［サインアウト］をクリックしても、手順3の画面が表示されます。

Hint サインインを維持

手順3の画面で［次でのサインインを維持］をクリックしてチェックを付けておくと、次にサインインする際に自動でメールアドレスが入力された状態になり、パスワードを入力するだけでサインインできるようになります。

1 ホーム画面で右上のプロフィールアイコンをクリックします。

2 ［アカウントの切り替え］をクリックします。

3 サインインしたいメールアドレスとパスワードを入力します。

4 ［サインイン］をクリックすると、アカウントを切り替えることができます。

Section 41

連絡先を追加/削除しよう

ここで学ぶのは
- 連絡先の追加
- 連絡先の削除
- ブロック

頻繁にやり取りする相手は連絡先に登録しておきましょう。「連絡先」画面からチャットやビデオ通話を開始したり、メールを送ったりすることができます。また、不要な連絡先は削除して整理しておくようにしましょう。

1 連絡先を追加する

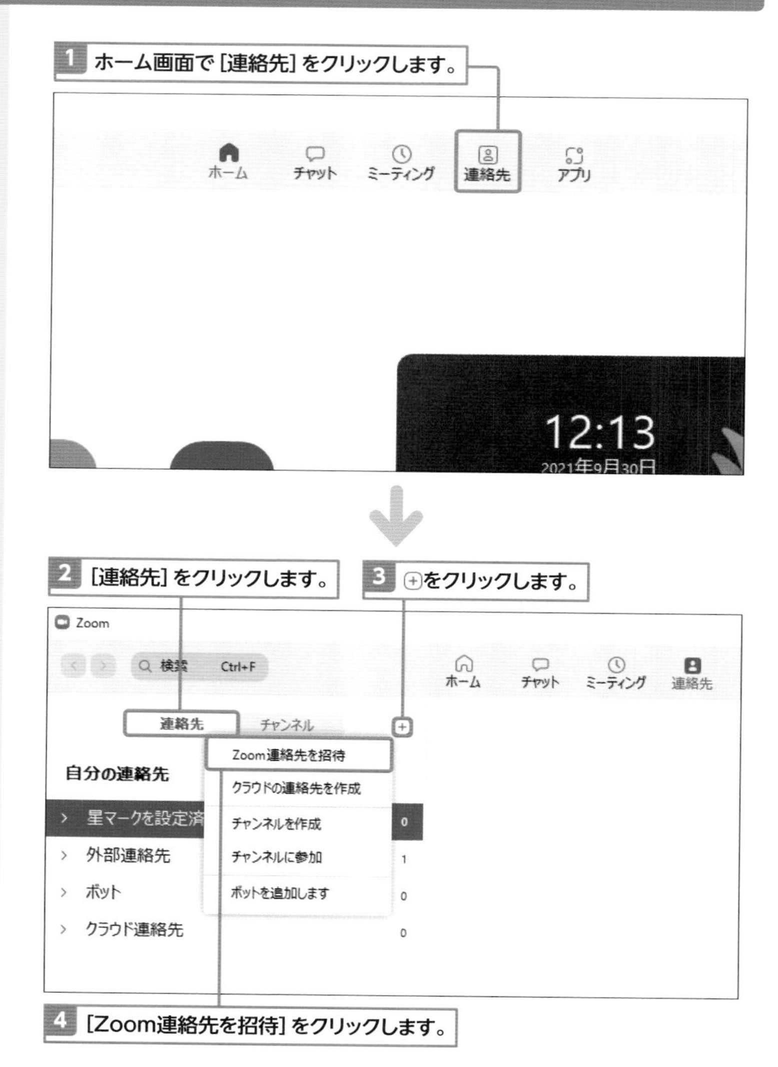

Memo クラウドの連絡先と同期する方法

手順2で[左下にあるクラウド連絡先]→[アドレス帳に接続]をクリックすると、「Google」「Exchange」「Office 365」のいずれかと連携することができ、Zoomと連絡先を同期できます。

Hint 招待された場合

招待された場合は、チャットメニューの連絡先リクエストアイコンを確認しましょう。[承認]→[リクエストを承認]をクリックすると、連絡先に追加されます。

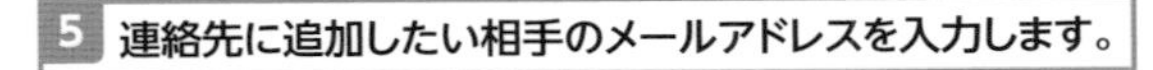

5 連絡先に追加したい相手のメールアドレスを入力します。

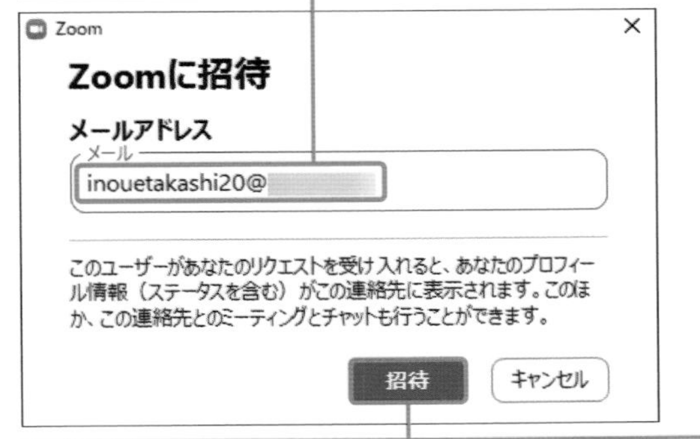

6 [招待]→[OK]をクリックすると相手のチャットに連絡先リクエストが送信され、相手が承認すると連絡先に追加されます。

2 連絡先を削除する

Memo ブロックする

迷惑行為を行うユーザーがいる場合はブロックしましょう。手順2で[連絡先をブロック]→[連絡先をブロック]とクリックすると、ブロックした相手からの通知を受信しなくなります。なお、ブロックしても、相手にブロックしたことが伝わることはありません。

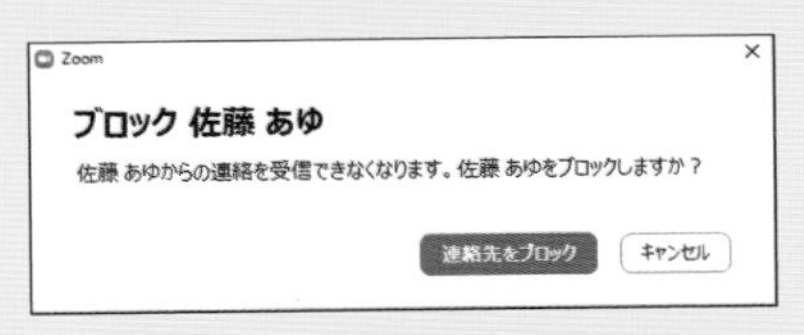

1 左ページの手順2で、削除したい連絡先の名前にマウスポインターを乗せ、…をクリックします。

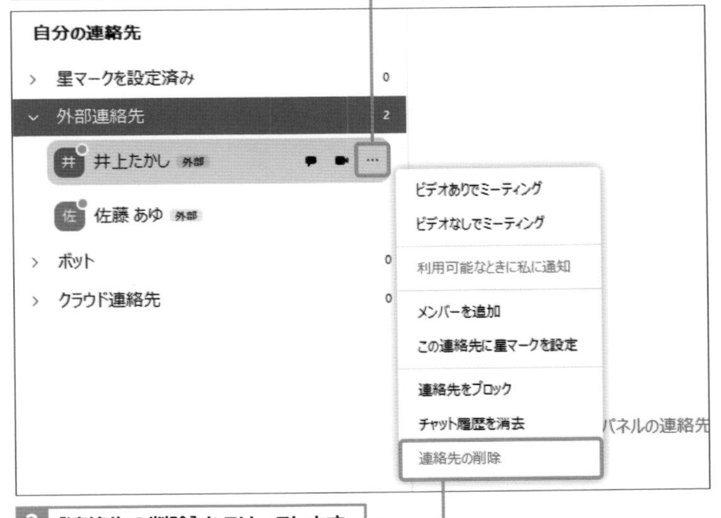

2 [連絡先の削除]をクリックします。

3 [削除]をクリックすると、連絡先から削除されます。

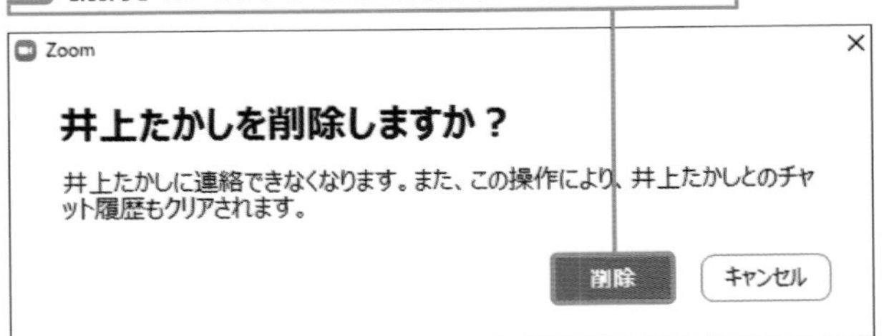

Section

42 チャンネルを作成しよう

ここで学ぶのは

- チャンネルの作成
- メンバーの追加
- チャンネルの削除

同じ部署やプロジェクトごとにチャンネルを作成しておけば、よりシームレスにコミュニケーションを取ることができます。テキストでのやり取りはもちろん、ファイルを添付したり、オーディオメッセージを送ったりすることが可能です。

1 チャンネルを作成する

解説 **チャンネルの種類**

チャンネルには、誰でも参加可能な「パブリック」と、招待されたユーザーのみ参加可能な「プライベート」の2種類があります。全体や部署内で行うチャンネルをパブリック、案件ごとのメンバーで行うチャンネルをプライベートなどで使い分けるとよいでしょう。

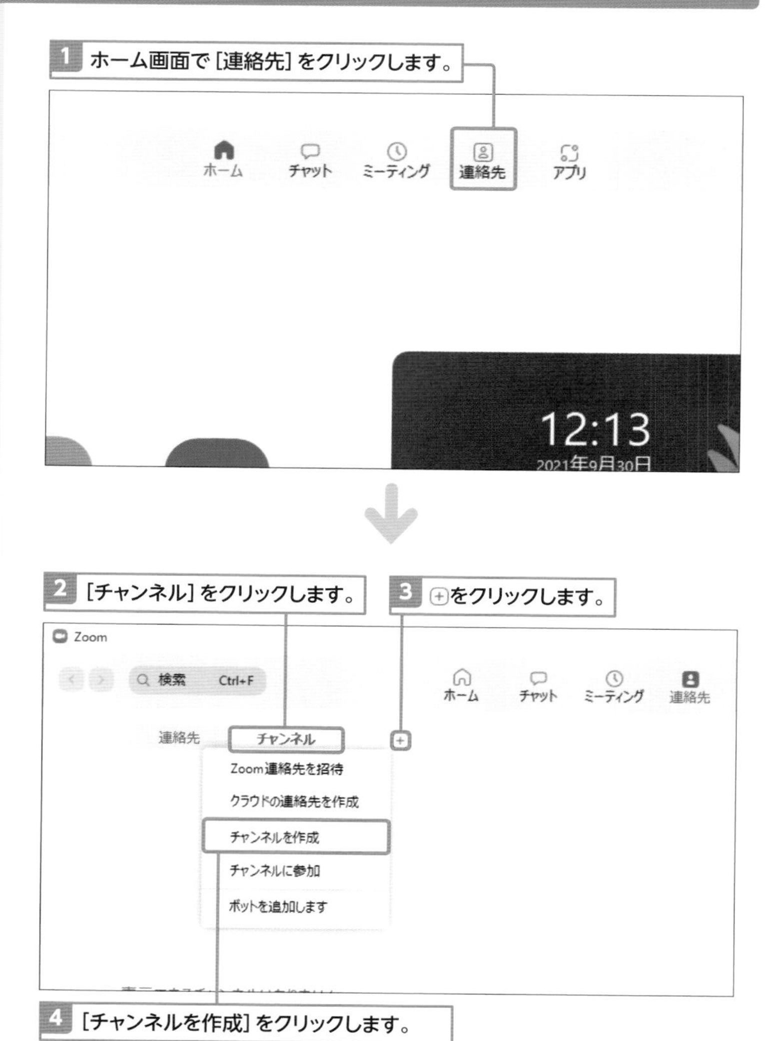

Hint 外部のユーザー

手順5で「プライバシー」の［外部ユーザーを追加できます］をクリックしてチェックを付けると、連絡先に登録されている外部ユーザーを追加することができます。

Memo チャンネルの一覧

チャンネルに追加されると、手順8の画面で、「チャンネル」の一覧に自動でチャンネル名が表示されます。

Memo チャンネルの削除

「チャンネル」から編集したいチャンネルを左クリックし、［チャンネルを削除］→［チャンネルを削除］をクリックすると、チャンネルを削除できます。

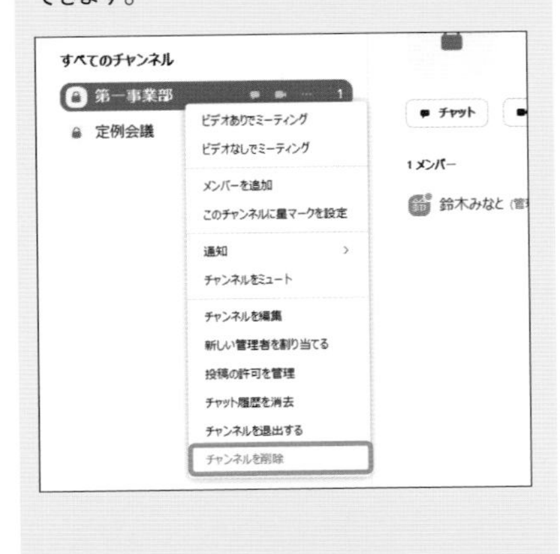

5 チャンネル名を入力し、「Channel Type」や「プライバシー」などを設定します。

6 ［チャンネルを作成］をクリックすると、チャンネルが作成されます。

7 画面上部の［チャット］をクリックします。

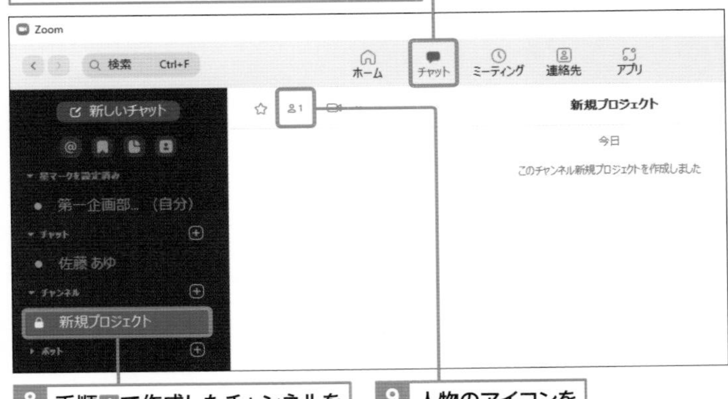

8 手順6で作成したチャンネルをクリックします。

9 人物のアイコンをクリックします。

10 ［メンバーを追加］をクリックすると、チャンネルにメンバーを追加できます。

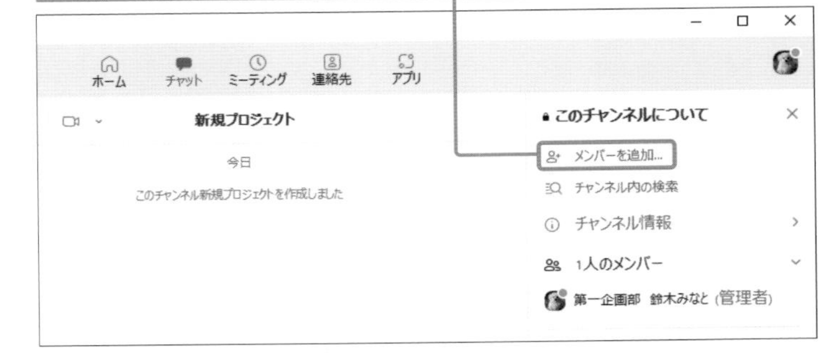

Section

43 在席アイコンを変更しよう

ここで学ぶのは
- ステータスアイコン
- 在席状況の変更
- 着信拒否の設定

ステータスアイコンは、現在どういう状況なのかを示すためのアイコンです。このアイコンを見ることで、応対可能か退席中かどうか相手の状況を確認することもできます。ここではステータスアイコンを変更する方法を解説します。

1 退席中のステータスアイコンに変更する

Hint ステータスアイコンが表示される場所

ステータスアイコンはチャットや連絡先で表示されます。なお、スマートフォンから利用している場合はスマートフォンのアイコンが表示されます。

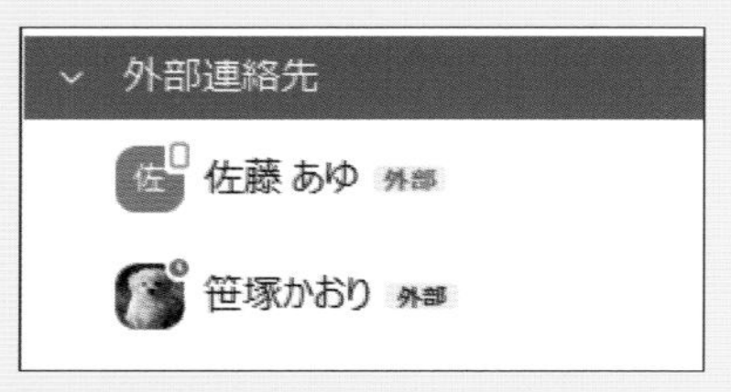

Memo アイコンの種類

手順2で表示されているアイコン以外に、オフラインのときやビデオ通話中のときはアイコン表示が自動で変わります。

1 ホーム画面から、右上のプロフィールアイコンをクリックします。

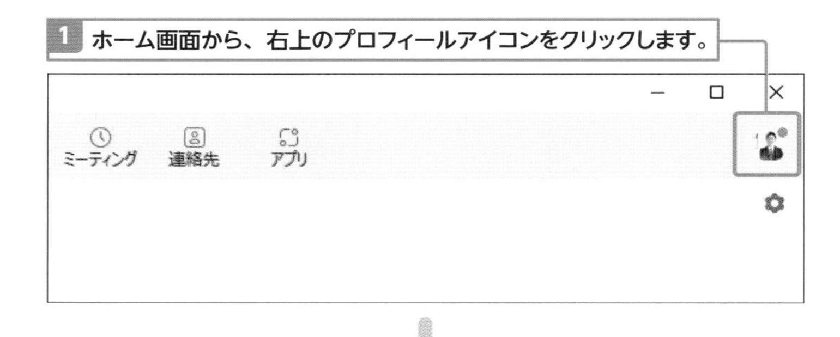

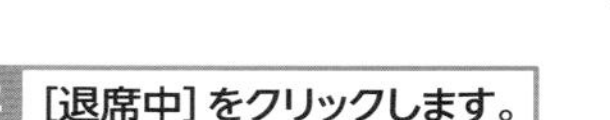

2 [退席中] をクリックします。

利用可能に戻す

利用可能に戻すにはP.104手順2の画面で［利用可能］をクリックしましょう。

3 プロフィールアイコンの右上が「退席中」のアイコンに変わります。

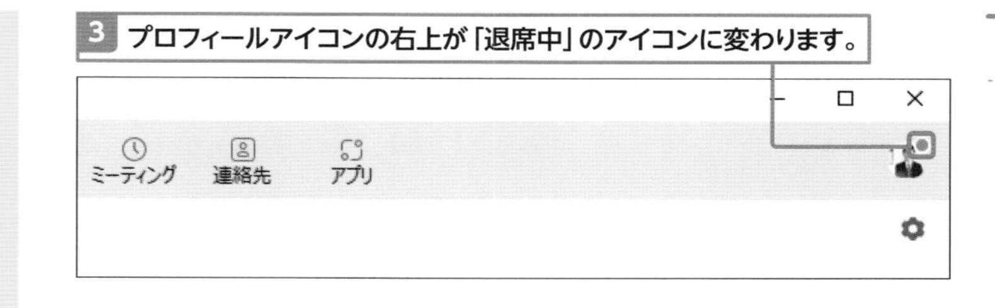

2 着信拒否のステータスアイコンに変更する

Hint 設定画面の開き方

手順3の設定画面は、ホーム画面の歯車のアイコンをクリックした後、［チャット］をクリックすることで開くことができます。

1 左ページの手順2で［着信拒否］をクリックすると、通知を受信しない時間を設定できます。

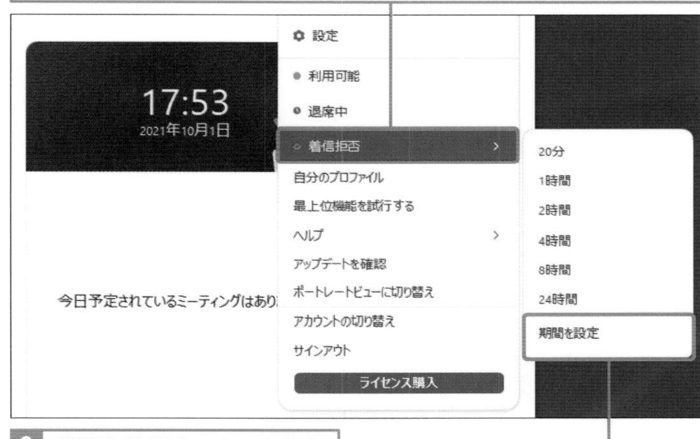

2 ［期間を設定］をクリックします。

3 「設定」画面が開くので、［○分間非アクティブのときは、ステータスを"退席中"に変更する］にチェックを付けます。

チャット設定
- ☑ [オーディオメッセージ表示]ボタン
- ☐ コードスニペットボタンを表示
- ☑ リンクのプレビューを含める
- ☐ ダイレクト メッセージの横にプロフィール写真を表示
- ☑ 15 分間非アクティブのときは、ステータスを"退席中"に変更する

左サイドバーのテーマ ◉ 黒い ○ 白い

ブロックされたユーザー ［ブロックされているユーザーを管理...］

未読メッセージ
- ☐ すべての未読メッセージをチャットリストとチャンネルリストの一番上に表示します

4 数字のプルダウンメニューから時間を選択すると、何もせずその時間が経過したときに自動で退席中になります。

Hint 取り込み中の時間指定

手順3で画面を下方向にスクロールし、「取り込み中」にチェックを付け、取り込み中になる開始時間と終了時間を設定すると、設定した時間の間は自動で取り込み中のアイコンが表示されるようになります。

Section

44 通知を設定しよう

ここで学ぶのは

- 通知の設定
- チャンネルごとの通知
- キーワードによる通知

作業に集中しているときなど、通知が煩わしいと感じることがあるかもしれません。そのようなときは、通知を受ける方法を選択しましょう。チャンネルごとに設定を変えることも可能なので、重要なメッセージを見逃す心配もありません。

1 通知を設定する

Memo 「チャット」画面から設定する

ここでは「設定」画面から設定する方法を紹介していますが、手順1で[チャット]をクリックし、チャンネルにマウスポインターを乗せ、→[通知]をクリックすることで、チャンネルごとの通知設定が行えます。

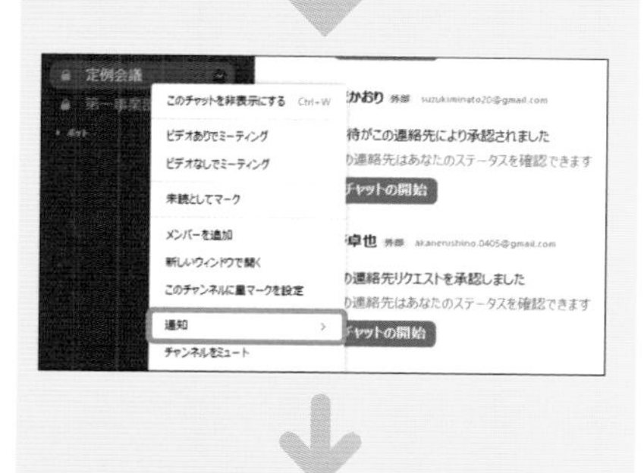

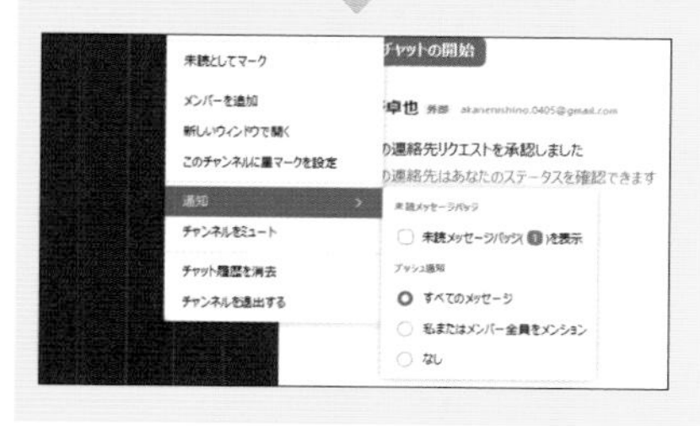

1 ホーム画面で右上のプロフィールアイコンをクリックします。

2 [チャット]をクリックします。

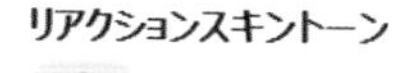

Hint そのほかの通知設定

ミーティング中はチャット通知をミュートにしたり、消去されるまで画面に通知バナーを表示させたりするなどの設定も行えます。設定はミーティング中に表示される左上の［ミーティング情報］を開いてから、右側に表示される歯車アイコンをクリックします。

Memo 追加したキーワードを削除する

手順7の画面で登録したキーワードを削除して［完了］をクリックすると登録したキーワードを削除できます。

3 「プッシュ通知」から通知を受け取る方法を選択すると、指定した項目のみ通知されます。

4 「例外があります」の［チャンネル...］をクリックします。

5 チャンネルごとに通知の設定が行えます。

6 ［保存］をクリックします。

7 手順3の画面で、「通知を受け取る項目」の［キーワード］をクリックすると、指定したキーワードが出たときに通知してくれます。

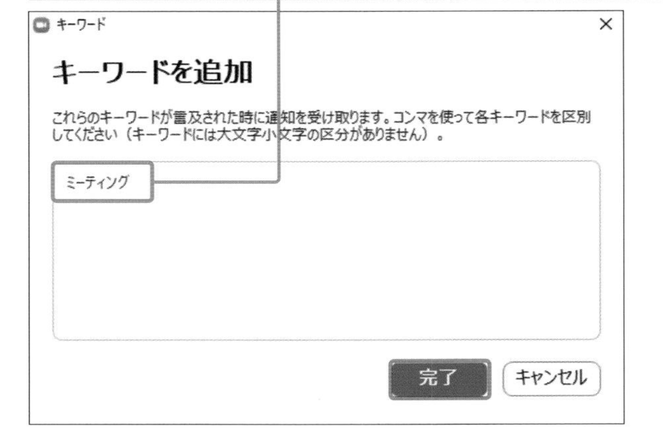

Section

45 セキュリティを設定しよう

ここで学ぶのは

- アップデートの仕方
- セキュリティの設定
- パスコードの設定

安全にZoomを利用するために、セキュリティを設定しておきましょう。また、自分がホストとなるミーティングには事前にパスコードを設定することができます。プライバシー保護のためにもセキュリティ対策は万全にしておくとよいでしょう。

1 セキュリティを設定する

Memo アップデートの仕方

Zoomは脆弱性や不具合を解消するために、定期的にアップデートが行われています。右上のプロフィールアイコンをクリックし、[アップデートを確認] をクリックして、最新版がリリースされていたらアップデートするようにしましょう。

Hint 待機室

手順3の画面で「待機室」をオンにしておくと、ミーティングの参加者が一度待機室に送られます。ホストが許可した参加者のみ入室できるため、予期せぬ参加者の入室を防ぐことができます。

1 ホーム画面から、右上の歯車のアイコンをクリックします。

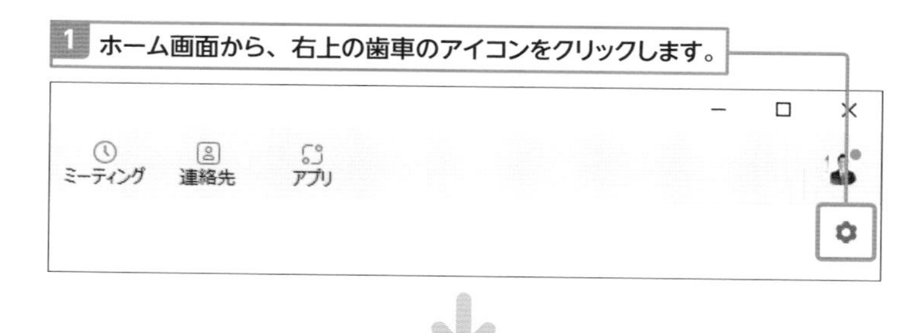

2 [さらに設定を表示] をクリックします。

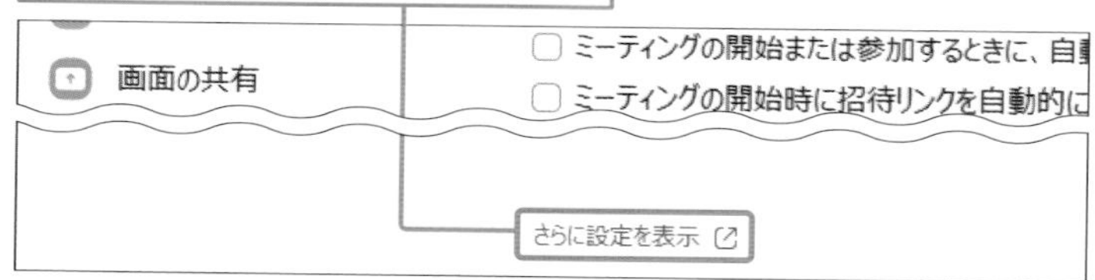

3 [セキュリティ] をクリックすると、セキュリティに関する設定が行えます。

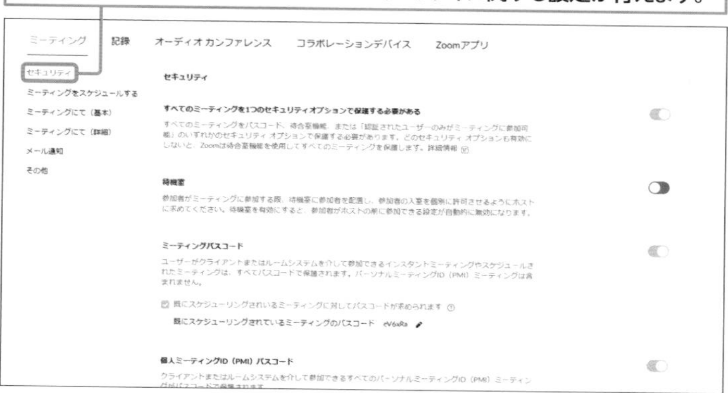

セキュリティで行える設定

セキュリティ項目名	内容
すべてのミーティングを1つのセキュリティオプションで保護する必要がある	すべてのミーティングをパスコード、待合室機能、または「認証されたユーザーのみがミーティングに参加可能」のいずれかのセキュリティオプションで保護します。このオプションはオフにできません。
待機室	参加者がミーティングに参加する際、待機室に参加者を配置します。ホストが入室を許可するまで、ミーティングに参加できません。
ミーティングパスコード	ミーティングに参加する際にパスコードの入力が必要になります。
個人ミーティングID（PMI）パスコード	個人ミーティングに参加する際にパスコードの入力が必要になります。
電話で参加している出席者に対してはパスコードが必要です	ミーティングにパスコードが設定されており、なおかつ電話機器で参加する場合、数字のパスコードの入力が必要になります。
ワンクリックで参加できるように、招待リンクにパスコードを埋め込みます	招待リンクで招待された参加者はパスコードの入力をしなくても入室することができます。
認証されているユーザーしかウェブクライアントからミーティングに参加できません	アカウントでサインインしているユーザーしか、ミーティングに参加することができません。
特定の国／地域からのユーザーのエントリを承認またはブロックする	特定の国／地域のアカウントユーザーを承認またはブロックすることができます。

2 ミーティングにパスワードを設定する

1 ホーム画面で［ミーティング］をクリックします。

2 ［編集］をクリックします。

3 「パスコード」に任意のパスコードを入力しておくと、そのパスコードを入力しないとミーティングに参加できないようになります。

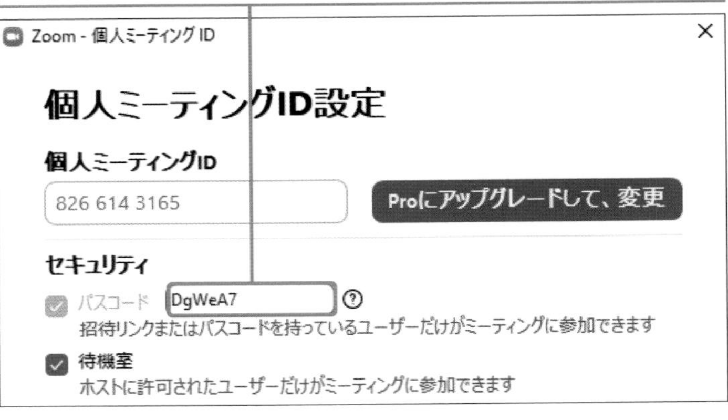

Hint 待機室をミーティング画面で設定する

手順3の画面で［待機室］をクリックしてオフにすると、自分がホストの場合は入室許可しなくても、IDとパスワードを入力したほかの人が入室することができます。この操作は左ページのHintの操作と連動しているので、どちらかの操作でオン・オフを切り替えることができます。

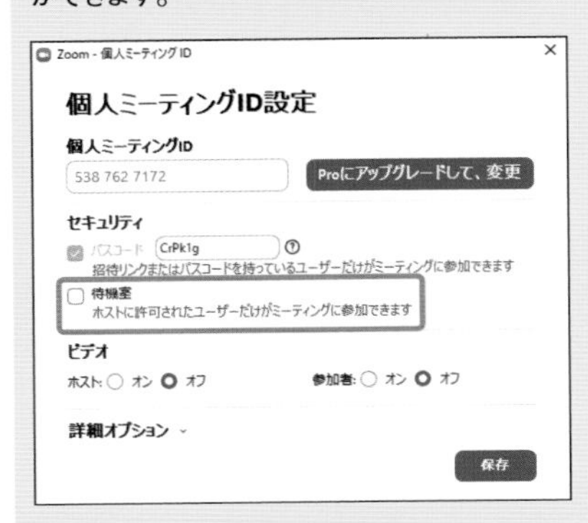

Memo 招待リンクの場合

P.51で紹介している招待リンクを共有する場合は、リンクにパスコードが埋め込まれているため、パスコードの入力をせずミーティングに参加することができます。

Section 46

ビデオの設定をしよう

ここで学ぶのは

- ビデオの設定
- 低照度に対する調整
- 外見の補正

ミーティング前にビデオの設定を確認しておきたいときは、「設定」画面から行いましょう。外見を補正したり、明るさを調整したりすることができます。そのほか、ビデオに関する細かい設定も行えます。

1 明るさの設定をする

1 ホーム画面から、右上の歯車のアイコンをクリックします。

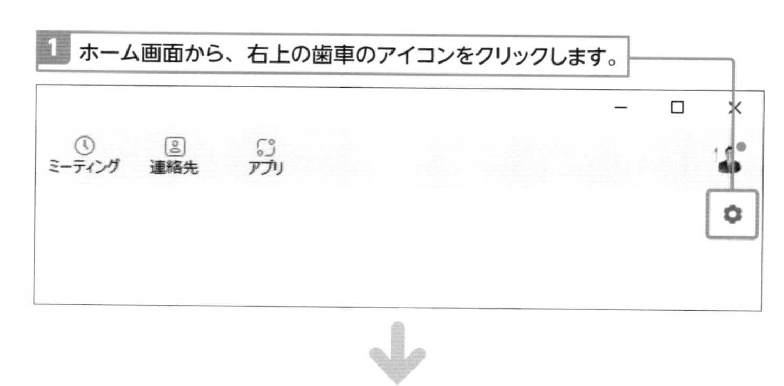

2 [ビデオ] をクリックします。

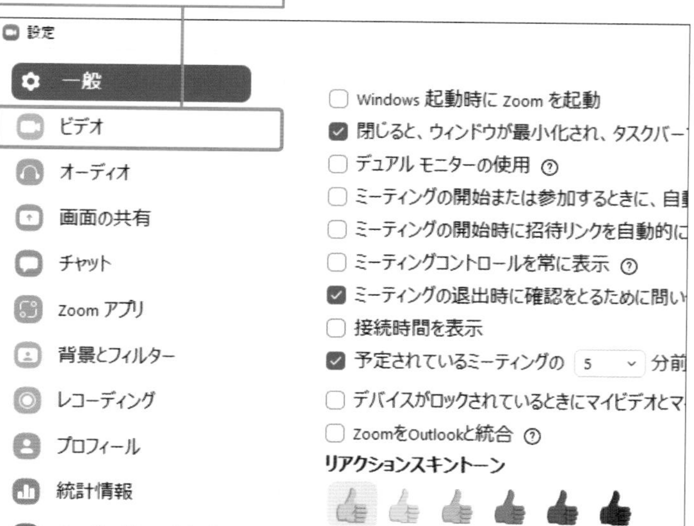

Memo オーディオ設定

手順2で [オーディオ] をクリックすると、オーディオに関する設定が行えます。

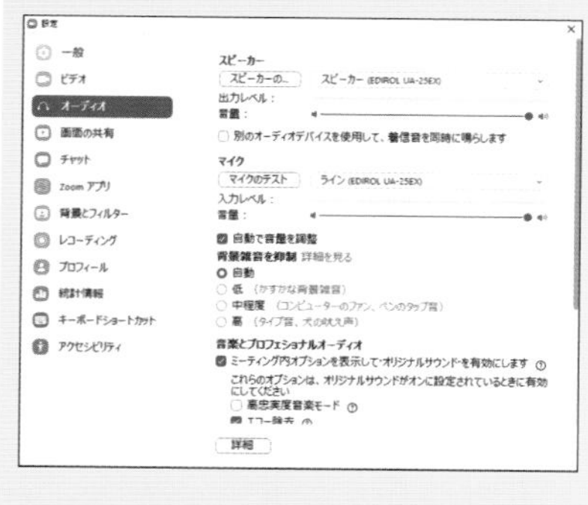

Hint ミラーリング

手順3で［マイビデオをミラーリング］をクリックしてチェックを付けると、ビデオを左右反転させることができます。

マイビデオ
☑ マイビデオをミラーリング

Hint 外見の補正

手順3で［外見を補正する］をクリックしてチェックを付けると、美肌機能を利用することができます（P.141 参照）。

Hint 低照度に対して調整

部屋が暗いなどで顔が暗く映ってしまう場合、低照度を調整すると明るさを調整してくれます。

Memo ビデオビュー ダイアログを常に表示

手順6で［ビデオミーティングに参加するときに常にビデオプレビューダイアログを表示します］をオンにしていると、ミーティング参加前にプレビューが表示されて自分の映り具合を確かめることができます。

3 ［低照度に対して調整］をクリックしてチェックを付けます。

4 「手動」の場合は右側のスライダーを左右にドラッグして調整できます。

5 手順4で［手動］をクリックし、［自動］をクリックすると、自動で調整されます。

カメラ
USB Live camera
☐ オリジナルサイズ ☑ HD
マイビデオ
☐ マイビデオをミラーリング
☐ 外見を補正する
☑ 低照度に対して調整 手動
自動
手動
☑ ビデオに参加者の名前を…ます
詳細

6 画面を下方向にスクロールすると、ビデオに関する設定が行えます。

☑ ビデオに参加者の名前を常に表示します
☐ ミーティングに参加する際、ビデオをオフにする
☑ ビデオミーティングに参加するときに常にビデオプレビューダイアログを表示します
☐ ビデオ以外の参加者を非表示にする
☐ 話している間、自分自身をアクティブスピーカーとみなす
ギャラリービューで画面あたりに表示する最大の参加者数：
◉ 25名の参加者 ○ 49名の参加者
ビデオが確認できない場合： トラブルシューティング
詳細

Section 47

大規模な人数でミーティングをするには?

ここで学ぶのは
- 大規模人数のミーティング
- プランのアップグレード
- プランの種類

無料プランでは最大100人まで参加することができますが、数百人規模のミーティングを開催する場合は、プランをアップグレードしましょう。大規模ミーティング用のオプションが用意されています。

1 プランをアップグレードする

Memo 大規模な人数のミーティング

大規模のミーティングはウェビナーなどが有名です。ウェビナーとは講演者がおり、多数の視聴者がそれを聞いているようなものです。インターネット講演会や学校のオンライン授業をイメージするとよいでしょう。

1 P.108手順1～2を参考にWebサイトを表示し、[アカウント管理]→[支払い]をクリックします。

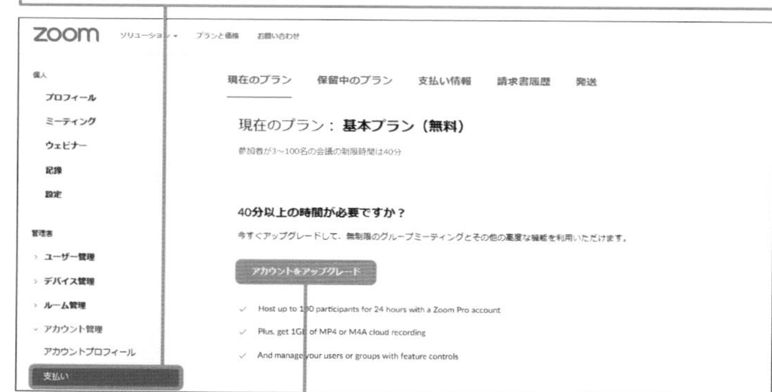

2 [アカウントをアップグレード]をクリックします。

3 「その他のオプション」で[大規模ミーティング]をクリックして選択します。

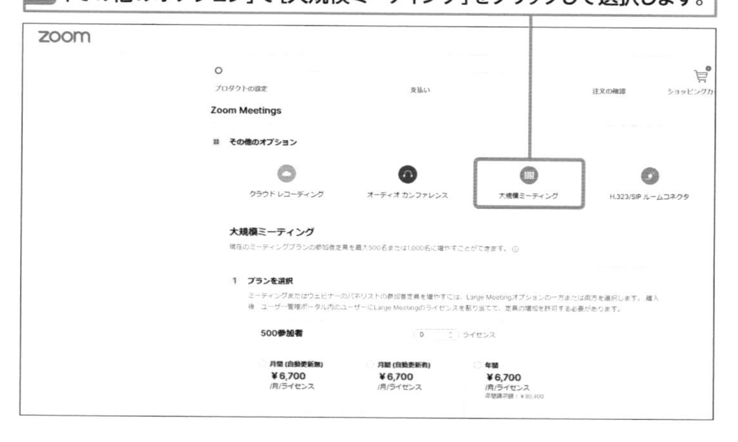

Memo 大規模ミーティングのプラン

大規模ミーティングでは、参加者を最大500人または1,000人に増やすことが可能です。それぞれプランが用意されており、支払い方法を月間と年間から選択することができます。

第5章

スマートフォンで Zoomを利用する

この章では、スマートフォンでZoomアプリを利用する際の操作について解説をしていきます。

スマートフォンのアプリを活用することで、外出先での利用や機器のトラブルなど、パソコンが使えないときにもZoomが利用できます。仕事も円滑に進められるようになるでしょう。

Section 48

Zoomアプリをインストールしよう

ここで学ぶのは

- Zoomアプリのインストール
- iPhone
- Android

スマートフォンのZoomアプリを活用してみましょう。まずはインストールをします。iPhoneとAndroidではインストール方法が異なるのでここで確認しましょう。なお本書ではiPhoneの画面をメインにして解説をします。

1 iPhoneにアプリをインストールする

Memo Apple IDとは

iPhoneでアプリをインストールするにはApple IDが必要です。Apple IDとはAppleのサービスを受けるのに必要なアカウントのことで、基本的にはiPhoneの設定をする際に一緒に作成しています。もしない場合は、事前に作成しておきましょう。

Memo 支払方法

App Storeでアプリをインストールする際に、Apple IDに支払い方法を設定していない場合、インストールができない場合があります。アカウントに支払い方法を設定しましょう。

1 iPhoneのホーム画面から[App Store]をタップします。

2 [検索]をタップします。

3 [ゲーム、App、ストーリーなど]をタップします。

4 検索欄に「zoom」と入力して、検索します。

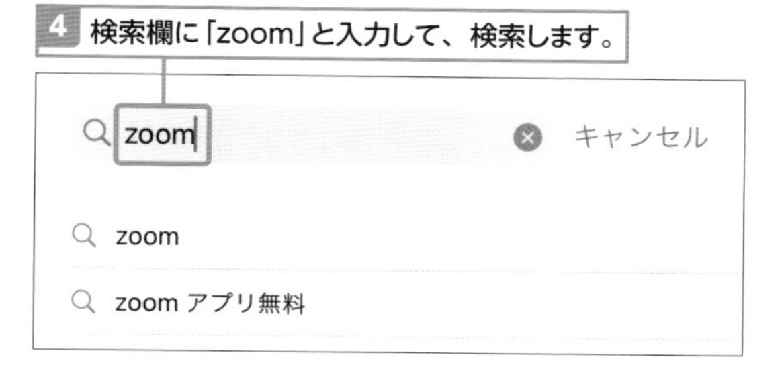

Hint Zoomのそのほかのアプリ

App Storeで「zoom」で検索すると、そのほかのZoomのアプリも一緒に検索結果に表示されます。しかし実際に利用するのは「ZOOM Cloud Meetings」のみなので、間違えないようにしましょう。

6 [入手]をタップします。

Memo インストール時

インストールする際にApple IDの確認画面が表示される場合があります。その場合は、Apple IDとパスワードを入力してインストールを進めましょう。

2 Androidにアプリをインストールする

Memo Google アカウントとは

Androidでアプリをインストールするには Googleアカウントが必要です。Googleアカウントとは Androidのサービスを受けるのに必要なアカウントのことで、基本的には Androidの設定をする際に一緒に作成しています。もしない場合は、事前に作成しておきましょう。

1 Androidのホーム画面またはアプリ一覧から[Playストア]をタップします。

2 [アプリ]をタップします。

3 [アプリやゲームを検索する]をタップします。

Memo 支払方法

Playストアでアプリをインストールする際に、Googleアカウントに支払い方法を設定していない場合、インストールができない場合があります。アカウントに支払い方法を設定しましょう。

Hint **Zoom の そのほかのアプリ**

Playストアで「zoom」と検索すると、そのほかのZoomのアプリも一緒に検索結果に表示されます。しかし実際に利用するのは「ZOOM Cloud Meetings」のみなので、間違えないようにしましょう。

Memo **インストール時**

インストールする際にGoogleアカウントの確認画面が表示される場合があります。その場合は、Googleアカウントとパスワードを入力してインストールを進めましょう。

4 検索欄に「zoom」と入力して、検索します。

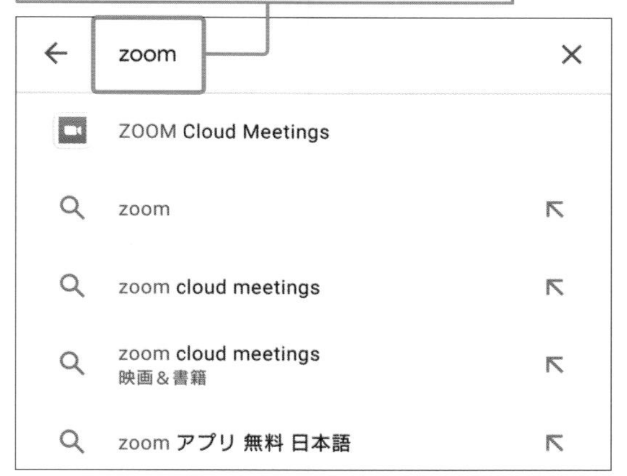

5 検索結果から[ZOOM Cloud Meetings]をタップします。

6 [インストール]をタップします。

Section

49 ミーティングを開始しよう

ここで学ぶのは
- サインイン
- ミーティング
- 開始

Zoomアプリをインストールしたら、まずはサインインをしましょう。アカウントはパソコンで使用しているものでサインインをします。サインインが完了したらさっそくミーティングを開始してみましょう。

1 Zoomにサインインする

解説 サインアップ

手順1で［サインアップ］をタップすると、新規でアカウントを作成することができます。パソコンで使用しているアカウントが無い人はこちらから進めてください。

Hint パスワードを忘れてしまった場合

Zoomで使用しているパスワードを忘れてしまった場合は、手順2で［パスワードをお忘れですか?］をタップし、メールアドレスを入力して［送信］をタップします。入力したメールアドレスにパスワードリセットのメールが届くので、画面の指示に従ってパスワードをリセットしましょう。

1 Zoomアプリを起動して、［サインイン］をタップします。

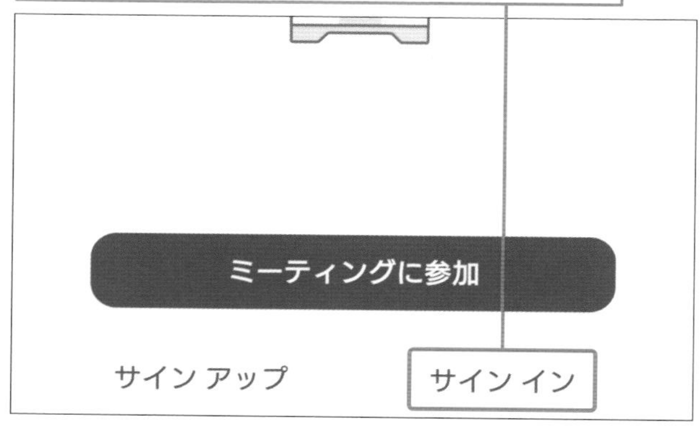

2 アカウントに使っているメールアドレスとパスワードを入力します。

3 ［サインイン］をタップします。

2 ミーティングを開始する

iPhone 版と Android 版の違い

iPhone版とAndroid版ではアイコンなどの形に多少の差異などがある場合がありますが、画面構成はほぼ同じです。

マイクやカメラを使う際に許可をする

スマートフォンからZoomアプリを使う場合、スマートフォンのカメラとマイクを使う許可をする必要があります。手順 2 で開始したあとに[Wifiまたは携帯のデータ]をタップしましょう。

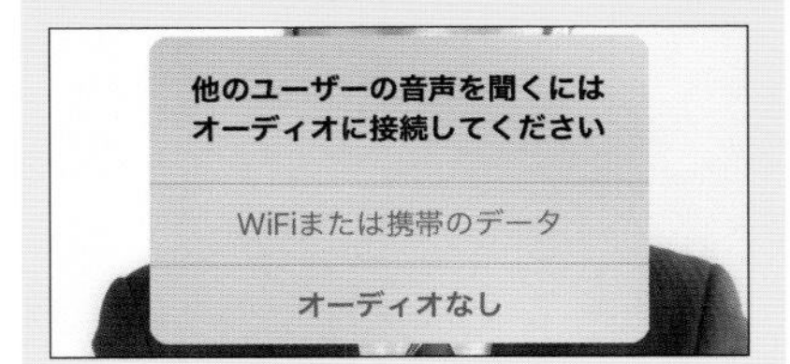

ホーム画面

ホーム画面ではデスクトップ版と同様に、スケジュールや連絡先を確認することもできます。手順 1 で[連絡先]をタップすると、連絡先やチャンネルを確認したり作成したりすることができます。

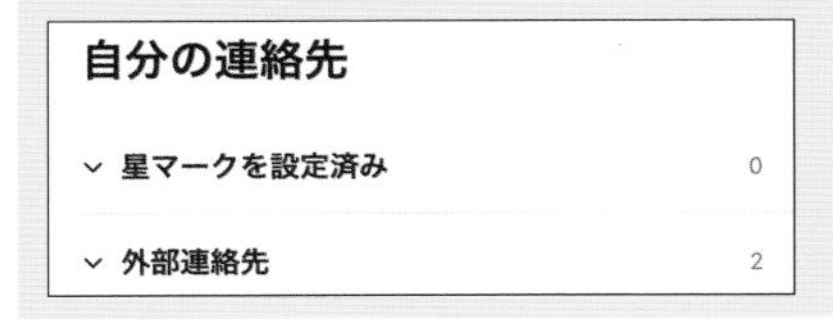

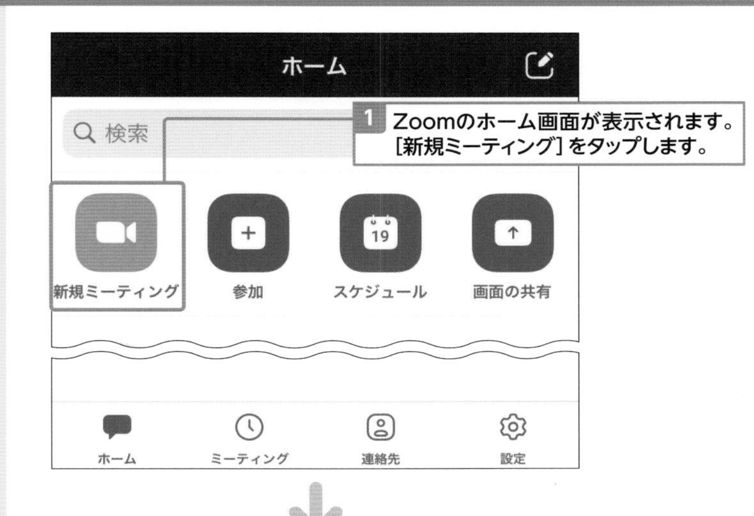

1 Zoomのホーム画面が表示されます。[新規ミーティング]をタップします。

2 [ミーティングの開始]をタップします。

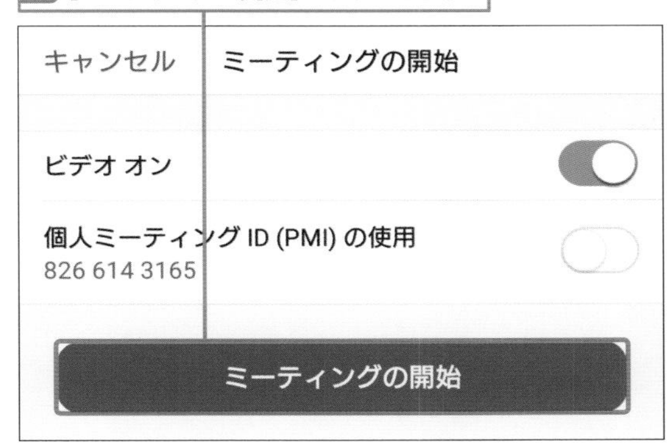

3 ミーティングが開始されます。

Section 50

招待からミーティングに参加しよう

ここで学ぶのは
- メールから参加
- アプリで参加
- ブラウザアプリで参加

ミーティングの招待をメールで受け取ったら、メールアプリから参加してみましょう。参加は非常に簡単です。ミーティングのURLをタップし、使用するアプリを選択するだけです。

1 招待メールから参加する

Hint そのほかのメールアプリ

今回はGmailで紹介していますが、そのほかにも携帯キャリアのメールやYahoo!メールのアプリなどからもミーティングに参加することができます。

Memo ホストが開始するまで待機する

スマートフォン版もデスクトップ版と同様に、ホストがミーティングを開始していない場合は、開始するまで待機する必要があります。

1 メールで招待を受け取ったら、メールアプリをタップして起動します。

メールを検索

メイン

スレッドを選択するには送信者の画像をタップします。 表示しない

16:25
開催中のZoomミーティングに参加してくだ…
Zoomミーティングに参加するhttps://us05we…

9月20日

2 メール一覧からZoomの招待メールを選択してタップします。

3 メールに記載されているURLを長押しします。

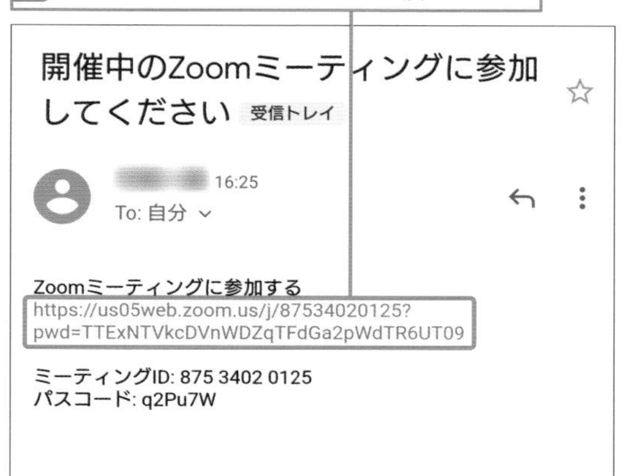

解説 ブラウザアプリから参加する

手順4でブラウザアプリ（iPhoneなら［Safariで開く］、Androidなら［Chrome］など）をタップすると、ブラウザからミーティングに参加できます。次の画面で［ミーティングに参加する］または［参加］をタップしましょう。なお入室前に名前を入力する画面が表示される場合があります。

スマートフォンを横向きにする

スマートフォンを横向きにすると画面も横向きになります。相手から見える自分の画面も横向きで表示されます。

アイコン

とくに設定していない場合は、最初に入室した段階では自分の画面はアイコン画像になっています。アイコンが設定されていない時は、名前が表示されます。ビデオに切り替える場合は、P.124を参照してください。

4 ［Zoomで開く］をタップします。

追加
リンクをコピー
共有...
Safariで開く
"Zoom"で開く

5 ミーティングに参加相手の画面が大きく表示されます。

Section

51 参加者を招待しよう

ここで学ぶのは

- 参加者の招待
- メールによる招待
- 入室の許可

自分がホストとなるミーティングでは、スマートフォンのZoomアプリでもメールなどを利用して参加者を招待することができます。また、スマートフォンに搭載されているSMSなどのメッセージアプリを利用しての招待も可能です。今回はiPhoneでの招待方法を紹介します。

1 メールで参加者を招待する

Memo スマートフォンでも画面の共有ができる

手順1で[共有]をタップすることで、アプリ版でも画面の共有をすることができます。スマートフォンに保存している画像やファイル、アプリの画面を共有することができます。

Memo すべてミュートにする

手順2で[すべてミュート]または…→[全員をミュート]をタップすると、参加者全員をミュートにできます。

1 ミーティング画面から[参加者]をタップします。

2 [招待]をタップします。

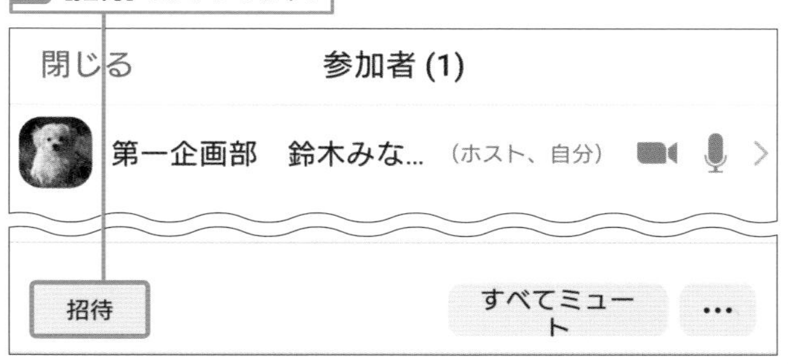

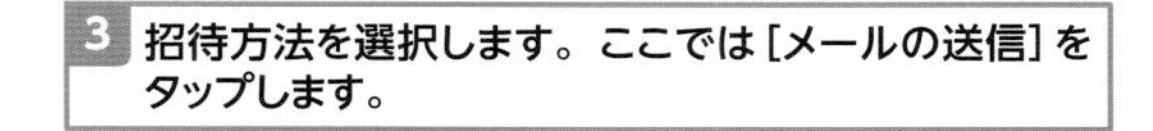

3 招待方法を選択します。ここでは［メールの送信］をタップします。

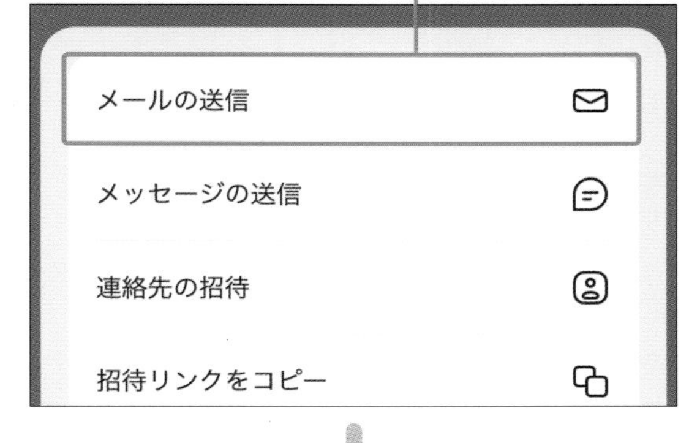

4 メール画面に移動するので、宛先を入力します。

5 送信アイコンをタップします。

6 招待した相手が参加すると、相手の画面が大きく映ります。

Hint メッセージアプリで招待する

手順3で［メッセージの送信］（Androidの場合は［+メッセージ］）をタップすると、SMSで招待することができます。

Memo ホストの場合は入室の許可は不要

ホストがスマートフォンのアプリ版の場合は、入室に許可は不要となり、すぐに入室することができます。

Section 52

カメラとマイクのオン・オフを切り替えよう

ここで学ぶのは

- カメラのオン・オフ
- カメラの切り替え
- マイクのオン・オフ

Zoomアプリではスマートフォンのカメラとマイクを利用してミーティングを行います。デスクトップ版のZoomと同様にオン・オフを切り替えることができます。カメラはオフにするとアイコン画像に切り替わります。

1 カメラのオン・オフを切り替える

Memo カメラをオンにする

カメラを再度オンにするには、手順2で[ビデオの開始]をタップします。

Memo インカメラとアウトカメラを切り替える

スマートフォンのインカメラとアウトカメラを切り替える場合は、画面上部にあるカメラの切り替えアイコンをタップします。

1 ミーティング画面から[ビデオの停止]をタップします。

2 自分の画面がアイコンに切り替わりカメラがオフになります。

2 マイクのオン・オフを切り替える

Memo 相手からの音声をミュートする

相手からの音声をミュートしたい場合は、画面上部にあるスピーカーのアイコンをタップします。これで相手がしゃべっても自分には聞こえなくなります。相手の音声から雑音などが聞こえてきたときにタップしてミュートし、チャットなどで雑音を抑制するように教えてあげるとよいでしょう。

Hint カメラとマイクが機能しない

カメラとマイクをオンにしても機能しない場合、スマートフォン上でカメラとマイクの使用が許可されていない可能性があります。スマートフォンの設定アプリを確認して、Zoomアプリでのカメラとマイクの使用の許可をしておきましょう。

iPhone

Zoom
カメラ
カレンダー
ストレージ
マイク

Android

1 ミーティング画面から［ミュート］をタップします。

2 マイクがオフになります。［ミュート解除］をタップします。

3 マイクが再度オンになります。

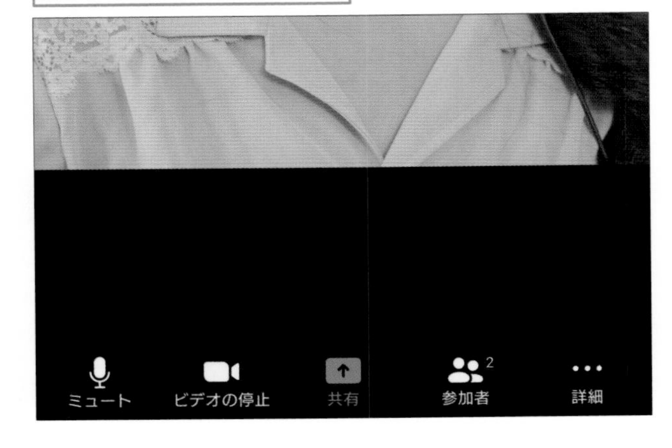

Section

53 チャットで会話をしよう

ここで学ぶのは

- チャットの送信
- リアクションの送信
- 通知の設定

スマートフォンのZoomアプリでもチャットを利用して会話をすることができます。チャットは全員に向けてだけではなく、個人に送信することも可能です。チャットは通知の設定を行うこともできます。

1 チャットで会話する

Memo リアクション

Zoomアプリではデスクトップ版と同様にリアクションをすることもできます。手順2で下のリアクションの右端にある…をタップすると、さまざまなリアクションが表示されます。

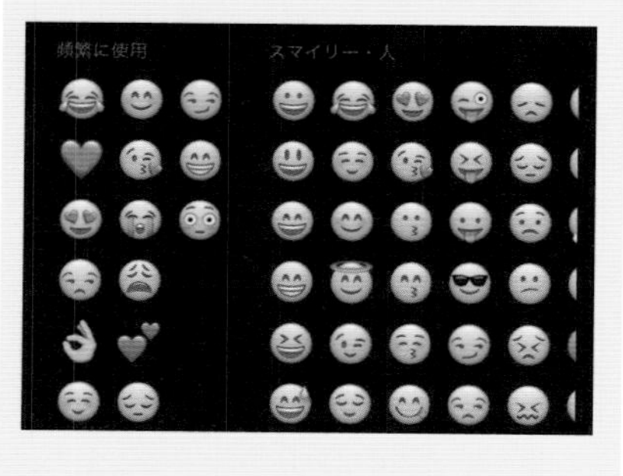

Memo ミーティング設定

手順2で［ミーティング設定］をタップすると、ミーティングの各設定を行うことができます。

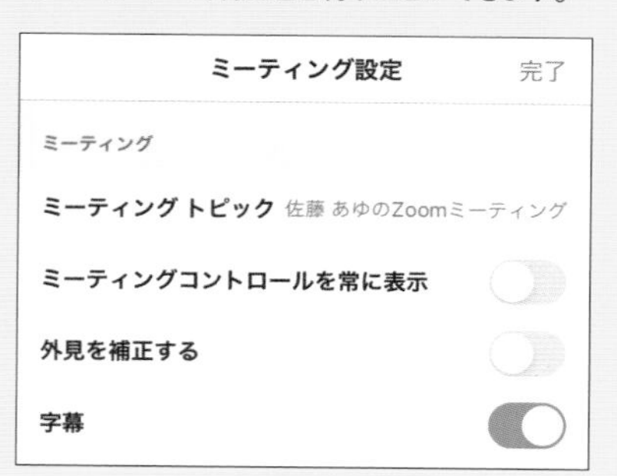

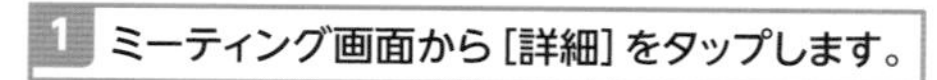

1 ミーティング画面から［詳細］をタップします。

2 ［チャット］をタップします。

Hint 絵文字

チャットにはスマートフォンに登録されている絵文字なども送信することができます。

Memo 通知をミュート

チャット画面の右上にあるベルのアイコンをタップすると、チャットの通知をミュートできます。ミーティング中に通知音が相手に聞こえないようにすることもできるので、気になるなら設定しておくとよいでしょう。

Memo 特定の参加者に送信する

手順3で[送信先]の[全員]をタップすると、参加者の一覧が表示されるので、送信したい相手をタップして選択すると、その人にのみ見ることができるチャットを送信できます。

送信先:全員

明日は15時から会議を開始します。

メッセージは誰に表示されま

3 チャット画面が表示されます。[ここをタップしてチャットするか]の部分をタップします。

4 本文を入力します。

5 ▽をタップします。

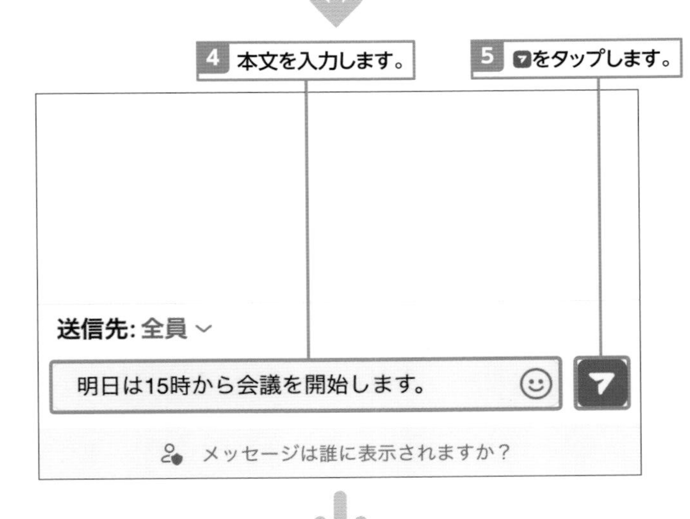

6 チャットが送信されます。

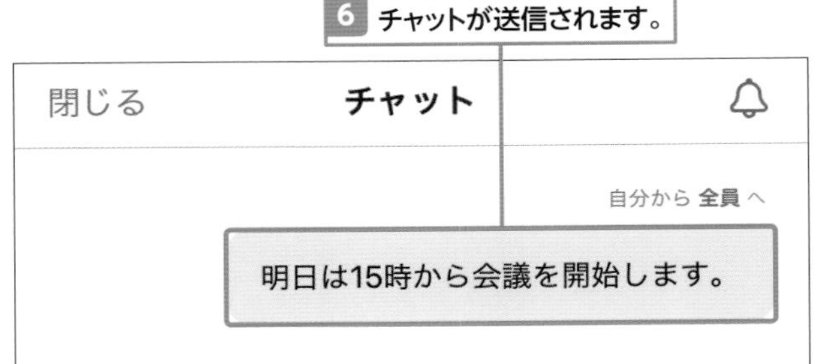

Section 54

背景を変更しよう

ここで学ぶのは

- iPhone 版 Zoom アプリ
- 背景の設定
- フィルターの設定

iPhone版のZoomアプリでのみ、背景を変更することができます。パソコン版と同様、背景は用意されている画像やぼかしを利用することができます。また、フィルターを利用することも可能です。

1 背景を変更する

Memo 背景は iPhone のみ変更可能

2021年10月現在では、Zoomアプリでの背景の変更はiPhone版のみ対応しています。Android版では利用できません。

1 ミーティング画面から［詳細］をタップします。

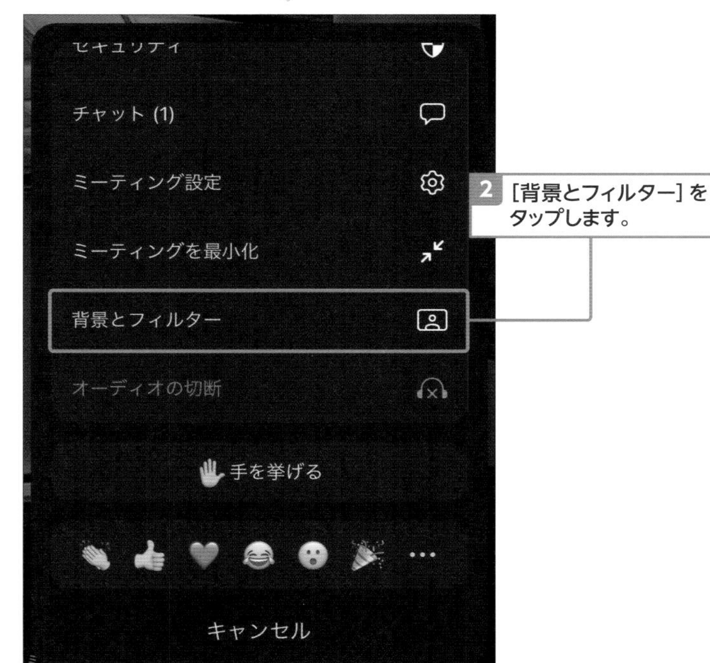

2 ［背景とフィルター］をタップします。

Hint 背景をぼかす

手順3で［ぼかし］をタップすると、背景をぼかすことができます。

Hint 背景を追加する

手順3で左下の+をタップすると、スマートフォンに保存されている画像から背景を設定することができます。

Memo フィルターをかける

手順3で［フィルター］をタップすると、デスクトップ版と同様に画面にフィルターをかけることができます。フィルターは画面や自分の顔などに効果を付けることです。詳しくはP.38を参照してください。

3 一覧から背景に設定したい画像をタップします。

4 背景が設定されます。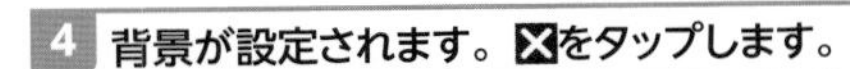をタップします。

5 ミーティング画面に戻ると、背景が設定されています。

Section
55 ミーティングから退出しよう

ここで学ぶのは
- ミーティングからの退出
- ホストの割り当て
- ミーティングの終了

Zoomアプリのミーティングの退出方法は、デスクトップ版とほぼ同様で、[退出]をタップします。ホストでない場合は退出をしてもミーティングは継続されます。ホストの場合は、ミーティングを終了させることができます。

1 ミーティングから退出する

Memo 自分がホストの場合

自分がホストの場合は、[全員に対してミーティングを終了]をタップすることで、ミーティングを終了することができます。

Memo 自分が参加者の場合

自分が参加者の場合はミーティングを終わらせる権限がないので、ミーティングを退出するのみです。ホストが残っている場合はそのミーティングは継続します。

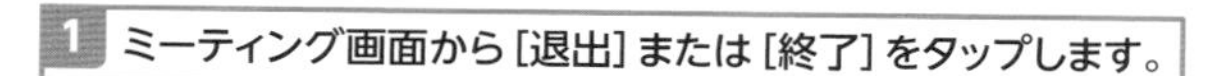

1 ミーティング画面から[退出]または[終了]をタップします。

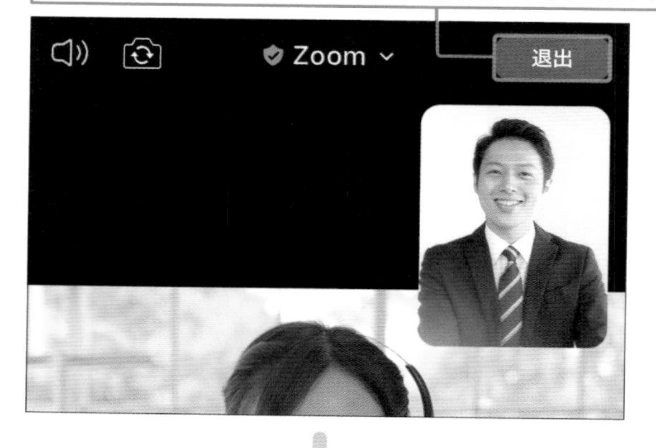

2 [会議を退出]をタップします。

第6章

困ったときのQ&A

この章では、「こういうときどうしたらいいの？」「もっと便利にZoomを活用したい」といったような、困ったときの解決法や便利テクニックを紹介していきます。

カメラの映像の補正や通知、録画の設定など、困ったときに役立つ便利技を多数解説しています。

Section 56

ミーティング前にマイクとカメラのテストをしたい！

ここで学ぶのは
- マイクのテスト
- スピーカーのテスト
- カメラのテスト

Zoomのミーティング開始時に、接続しているマイクやカメラが起動しないなどのトラブルが起きないように事前にテストができます。音量や実際にどのように映るかなども確認することができます。

1 マイクのテストをする

Hint ミーティング参加直前でもテスト可能

ミーティングの参加直前の画面で［コンピューターオーディオのテスト］をクリックすることでもテストすることができます。

Memo マイクが反応しない場合

マイクが反応しない場合、マイクが抜けていないか（接続が切れていないか）、ミュートスイッチが入っていないか、マイクの電源がオフになっていないか確認しましょう。

1 ホーム画面から、右上の歯車のアイコンをクリックします。

2 ［オーディオ］をクリックします。

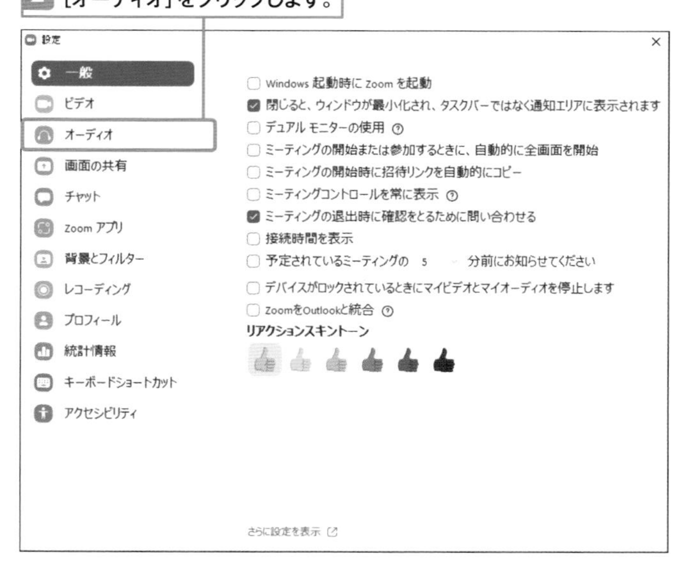

解説 スピーカーのテスト

手順3の画面ではスピーカーのテストもできます。ミーティングの相手の音声をスピーカーで聞くときに活用しましょう。

3 [マイクのテスト] をクリックすると、マイクのテストができます。

2 カメラのテストをする

カメラのサイズを変更できる

手順1でカメラの機材の名前の下にある[オリジナルサイズ]と[HD]でカメラに映るサイズを変更できます。[オリジナルサイズ]を選択するとWebカメラ本来の比率で表示されます。カメラによって異なりますが、大半は4:3か16:9で表示されます。[HD]を選択するとワイドスクリーンで表示されるので、16:9で表示されます。このとき、4:3のWebカメラでも16:9で表示してくれます。

1 ホーム画面から、右上の歯車のアイコンをクリックして設定を開き、[ビデオ]をクリックします。

2 カメラのテストができます。

Memo **テスト画面に何も映らない**

カメラのテスト画面に何も映ってない場合、カメラを接続し直すか、P.135を参考に別のカメラに設定しましょう。

Section

57 違うマイクやカメラに切り替えたい！

ここで学ぶのは

- マイクの切り替え
- カメラの切り替え
- 機材の名前

マイクやカメラを複数接続している場合、ほかの機材に切り替えることができます。マイクによってノイズ除去できるものやヘッドセットのものなどが選択できます。カメラの場合は、映りがよいものや背景ぼかし効果のあるものなどに随時変更しましょう。

1 マイクを切り替える

Memo 切り替える前の確認

マイクやカメラを切り替える前に、切り替えたい機材をパソコンに接続しておきましょう。

Memo 複数のマイクやカメラを接続している場合

複数のマイクやカメラをパソコンに接続している場合、ミーティング時に違う機材が起動してしまう可能性があります。あらかじめ起動する機材を設定しておきましょう。

1 ホーム画面から、右上の歯車のアイコンをクリックします。

2 ［オーディオ］をクリックします。

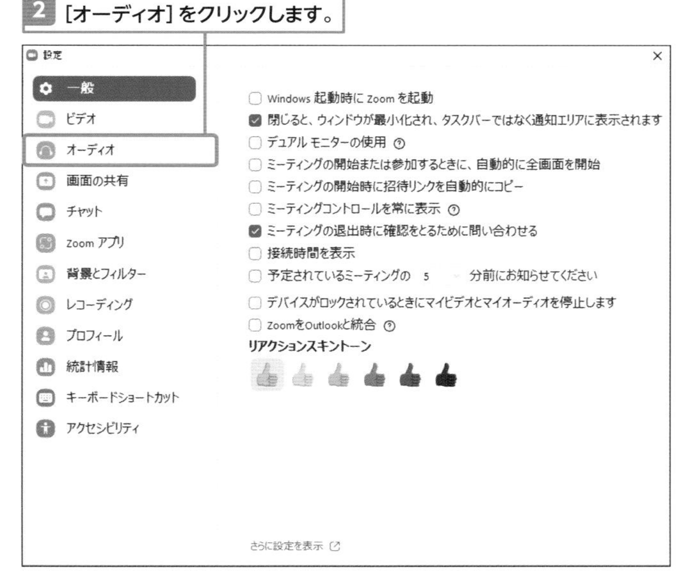

Memo ヘッドセットのマイク

ヘッドセットのマイクを使用する場合は、機材の名前がヘッドホンの名前で表示される場合があります。右図では「マイク（Webcam 200）」がこれにあたります。

3 ［マイクのテスト］の右側のマイクの機材の名前をクリックすると、プルダウンメニューが開き、マイクを切り替えられます。

2 カメラを切り替える

Hint 機材以外の名前が表示される場合もある

パソコンにテレビゲームやDVD、ブルーレイの画面を映すキャプチャーソフトをインストールしている場合、キャプチャーソフト名が機材一覧に表示される場合があります。

1 ［ビデオ］をクリックします。

2 カメラの機材の名前をクリックすると、プルダウンメニューが開き、カメラを切り替えられます。

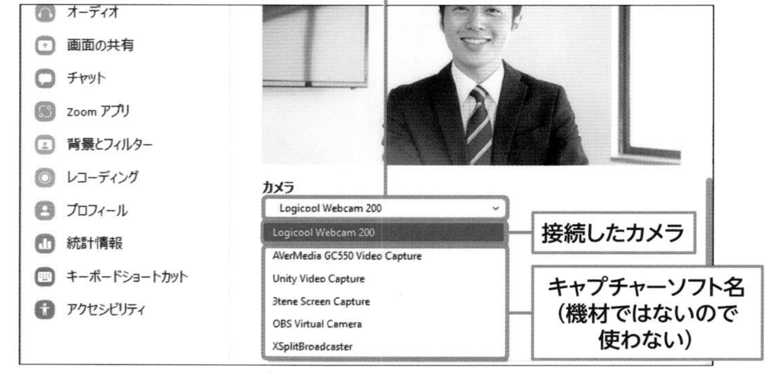

Memo 背景をぼかせるカメラを使う

背景を元からぼかすことのできるカメラを使うと、P.39の操作のように設定を使ってぼかす必要が無くなります。背景をぼかすことができるカメラの代表として、一眼レフカメラやミラーレス一眼カメラなどがあります。

Section 58

周囲の雑音が入るのを抑制したい！

ここで学ぶのは

- 背景雑音の抑制
- 自動抑制
- オリジナルサウンド

ミーティング中に家族の家事の音や、外の工事の音、ペットの鳴き声、キーボードのタイピング音などが入ると会議に集中できなくなり、相手に迷惑がかかってしまうことがあります。余計な雑音が抑制されるように設定を調整していきましょう。

1 周囲の雑音（背景雑音）を調整する

Memo 雑音が入りにくいマイクがある

キーボードのタッチ音など、どうしてもマイクから雑音が入ってしまいますが、ネックタイプのマイクを使うことで、少しでも雑音を減らすことができます。口に近づけて使うマイクなので、自分の声が大きく相手に伝わるという利点もあります。ヘッドセットマイクでも似たような効果があります。

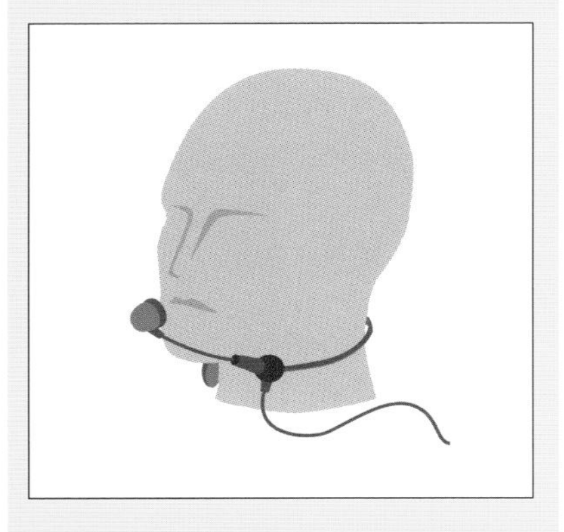

1 ホーム画面から、右上の歯車のアイコンをクリックします。

2 ［オーディオ］をクリックします。

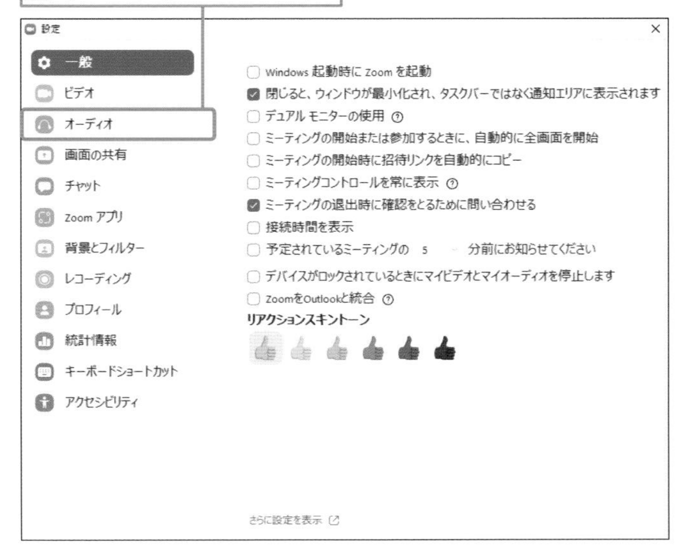

Memo 声が小さいとそれも抑制されることもある

背景雑音を［高］に設定した場合、ミーティングで声が小さいと雑音と認識されて抑制されてしまう場合があります。自身の声の大きさに注意したり、マイク音量を調整しましょう。

Memo 自動にした場合

［自動］に設定すると、Zoomが自動で抑制レベルを調整してくれますが、BGMなどの音楽は抑制してくれません。

解説 “オリジナルサウンド”の有効化

手順5で「音楽とプロフェショナルオーディオ」の項目をオンにすると、高音質にしたりエコーを除去したり音声をステレオに変更したりすることができます。ただし、背景雑音の抑制はオフになります。

3 「背景雑音を抑制」の項目で調整を行います。

4 ［自動］をクリックすると、Zoom側で背景雑音の大きさに合わせて自動で調整します。

5 ［高］にすると、キーボードのタイピング音や犬の吠え声などを抑制してくれます。

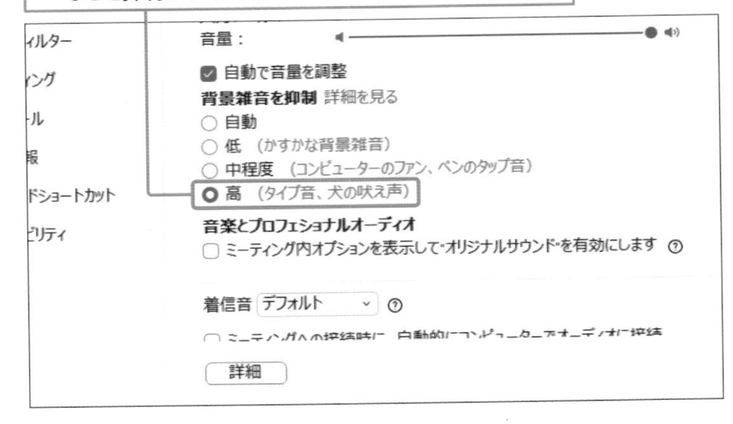

Section

59 ハウリングを抑制したい！

ここで学ぶのは
- ハウリング
- マイクのミュート
- ヘッドセット

ハウリングはマイクとスピーカーが近い位置に配置されていたりするときに「キーン」や「ブーン」といった不快音が出る現象です。ミーティング開始時にハウリングが起きないように、参加時にミュートにしておく設定があります。

1 ミーティング参加時のハウリングを消す

解説 そもそもなぜハウリングは起こる？

ハウリングはマイクから入力した音がスピーカーから発され、その音を再度マイクが拾ってしまうことで発生します。

Memo イヤフォンやヘッドフォンを使う

ハウリングを抑制するには、設定を変更する以外にもイヤフォンやヘッドフォンを使うことが有効です。

1 ホーム画面から、右上の歯車のアイコンをクリックします。

2 ［オーディオ］をクリックします。

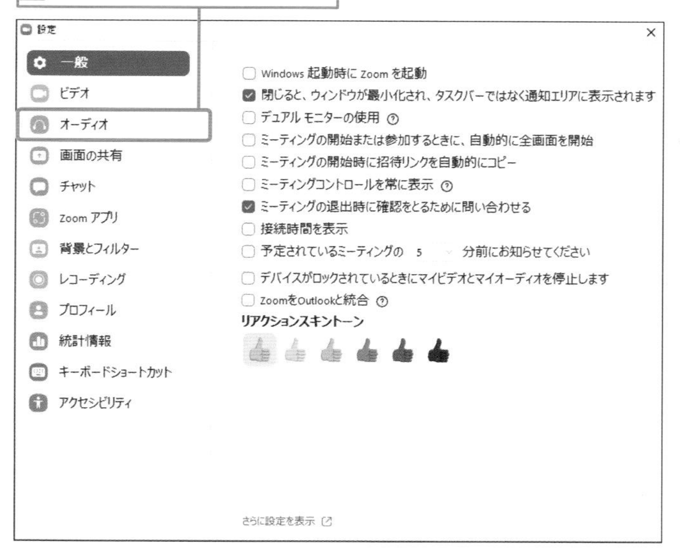

Hint ヘッドセットのボタン

ヘッドセットにボタンが設定され、マイクのオン／オフを切り替えることができる機材もあります。その場合は手順3で［ヘッドセット上のボタンを同期］をオンにしておきましょう。

3 「ミーティングの参加時にマイクをミュートに設定」をクリックします。

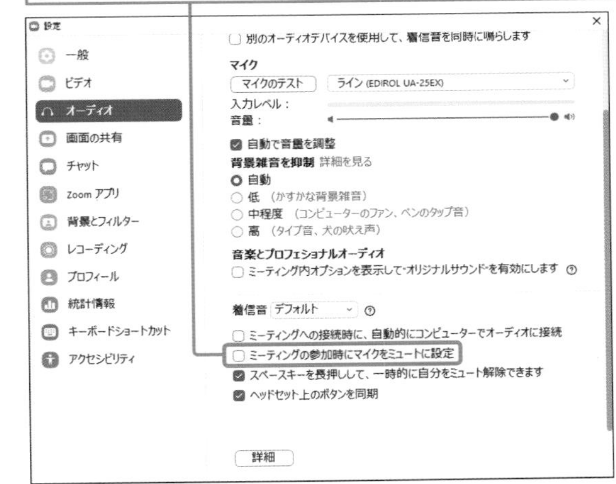

4 オンにすることで、ミーティング参加時のハウリング音を抑制することができます。

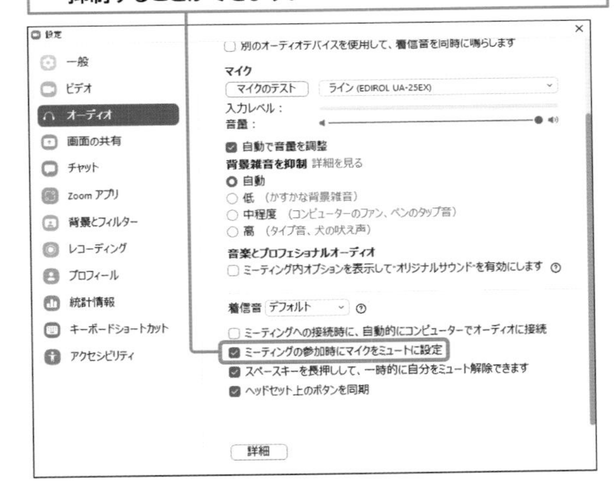

Memo ヘッドセットとは

ヘッドセットとは、マイクとヘッドフォン（イヤフォン）が一体型になっているものをいいます。一台で二役を担うことができるので、テレワークが普及し始めたと同時に爆発的に売れるようになりました。マイクのオン／オフや音量調節などをヘッドセットのボタンで行うことができるものもあるので、パソコン上で音量調整をしなくてもよく、便利に使えます。

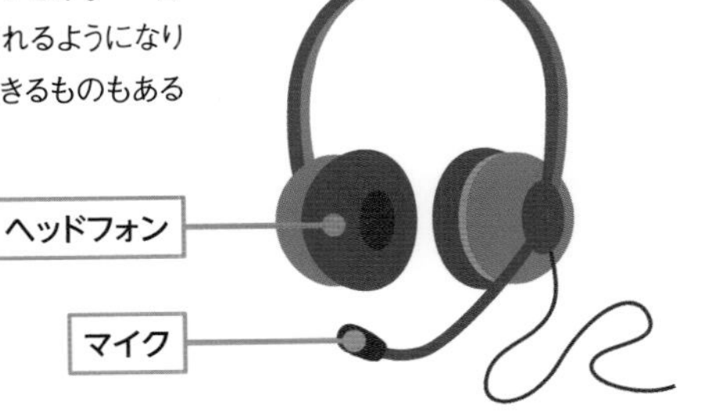

Section 60

カメラに映る姿を綺麗にしたい！

ここで学ぶのは

- 外見の補正
- 画面の明るさ
- 補正量の調整

カメラに映る姿は室内だと暗く映りやすく、顔色が悪く見えてしまう可能性があります。とくに大事な相手とのミーティングの場合は、相手に悪い印象を与えかねません。カメラに映る姿を明るく補正してみましょう。

1 カメラの映りを綺麗にする

Memo どのくらい補正される？

Zoomの補正機能は、簡易な化粧をしているかのように見える程度まで補正することが可能と言われています。明るく、肌の粗さがとれてきれいに見せることができます。

1 ホーム画面から、右上の歯車のアイコンをクリックします。

2 ［ビデオ］をクリックします。

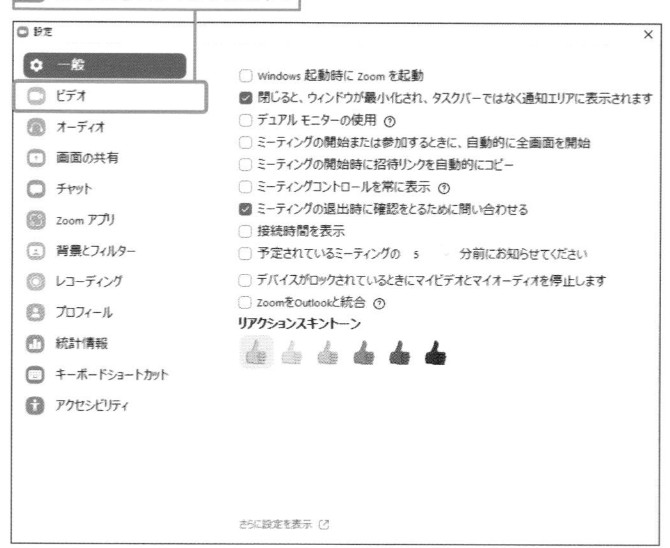

Memo スマートフォンの場合

スマートフォンでも外見補正機能が使えます。［設定］→［ミーティング］→［外見を補正する］をタップして設定しましょう。

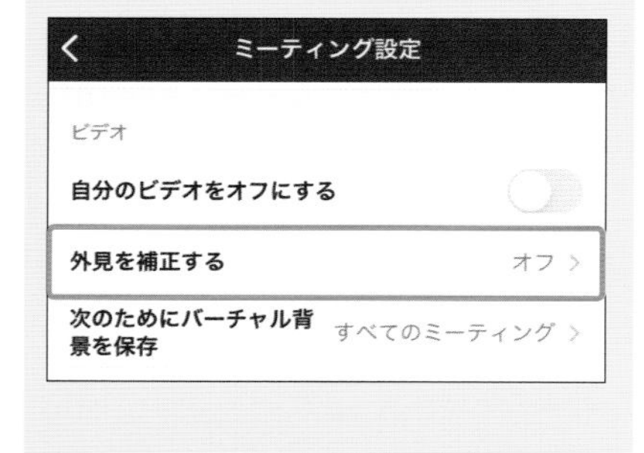

解説 低照度に対して調整

［低照度に対して調整］は、画面の明るさを調整することを指します。状況に応じて調整しましょう（P.110）。

Hint スライダーを左右に移動する

スライダーを左右に移動させると補正量が増減します。完全に左に移動させると補正が0になり、右に移動させると補正がかかります。

スライダー左：補正0、変わらない

スライダー中央：補正が入り少し明るくなる

スライダー右：補正が入り大きく明るくなる

3 ［外見を補正する］をクリックします。

4 スライダーを左右にドラッグして補正量を調整します。

5 右にスライダーを移動させると、明るく補正されます。

Section

61 カメラの反転を直したい！

ここで学ぶのは

- カメラの反転
- 文字の反転
- ミラーリング

Zoomの初期設定では、カメラが反転して映るように設定されています。もちろんこのままミーティングをしても問題ないのですが、資料をカメラで映す場合には文字が反転して相手に映ってしまいます。反転の直し方を覚えておきましょう。

1 カメラの反転を直す

解説 そもそもなぜカメラを反転させるのか

カメラの映像を見る場合、反転していない映像の方に違和感を覚えます。それは普段、鏡を通して反転している自分の姿を見慣れているからです。そのため、反転して見慣れている姿で表示させる機能がついているといえます。しかし、もちろん普段は他人からは反転していない姿で自分が見られています。

1 ホーム画面から、右上の歯車のアイコンをクリックします。

2 [ビデオ] をクリックします。

Memo 映った文字も反転

反転していると、文字も反転して相手に見えます。相手に文字入りの資料などをカメラから見せる場合は反転を直しましょう。また、パソコンに画像として取り込み、P.44を参照にして共有して見せてもよいでしょう。

相手に見せたい資料

文字が反転している

3 ［マイビデオをミラーリング］をクリックして、チェックを外します。

4 チェックが外れている状態では反転がされていない状態です。再度［マイビデオをミラーリング］をクリックします。

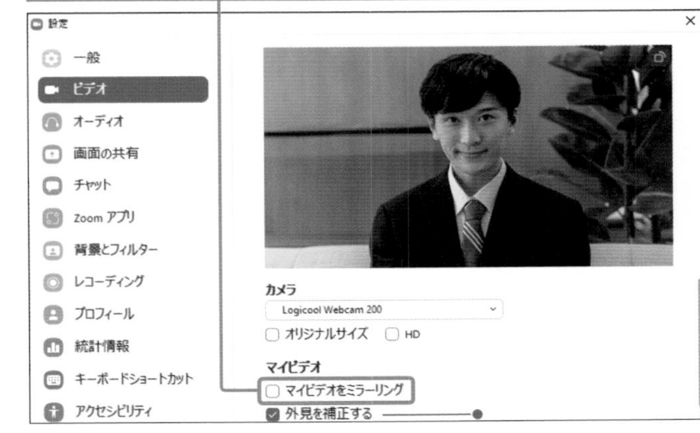

5 カメラが反転します。

Hint スマートフォンの場合

スマートフォンでも反転を直すことができます。［設定］画面の［ミーティング］で、［マイビデオをミラーリング］をオフにして、設定をしましょう。

アスペクト比	元の比率 >
マイビデオをミラーリング	
ビデオプレビューの表示	

Section 62

ミーティングの少し前に通知してほしい！

ここで学ぶのは
- ミーティング前通知
- 通知から参加
- 通知のタイミング

ミーティングの予約をしていても、うっかり忘れてしまったなんてことにならないように事前に通知をしてくれるように設定しておきましょう。通知されるタイミングは変更することもできます。

1 ミーティング前に通知の設定をする

解説 Outlookと統合

手順2で［ZoomをOutlookと統合］をオンにすると、Outlookがインストールされている場合、Zoomをデフォルトアプリとして、Outlookから通知を設定することができるようになります。なお、Outlookが入っていないパソコンだと、項目自体が表示されません。

解説 カレンダーと連携

カレンダーアプリと連携している場合、カレンダーに記入されているミーティングも通知してくれるようになります。自分がホストではないミーティングもカレンダーに記入しておくとよいでしょう。

Memo 通知からミーティングに参加できる

ミーティング前に届いた通知をクリックすると、そのまますぐにミーティングに参加できます。

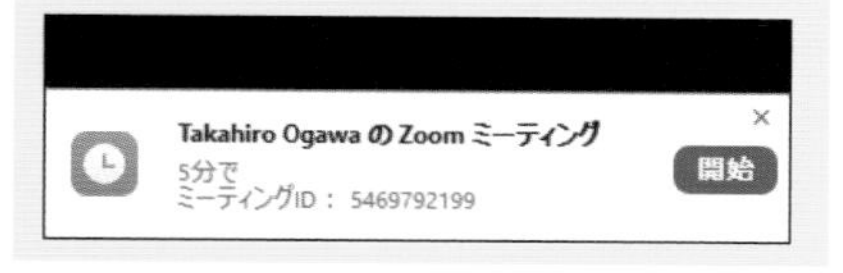

1 ホーム画面から、右上の歯車のアイコンをクリックします。

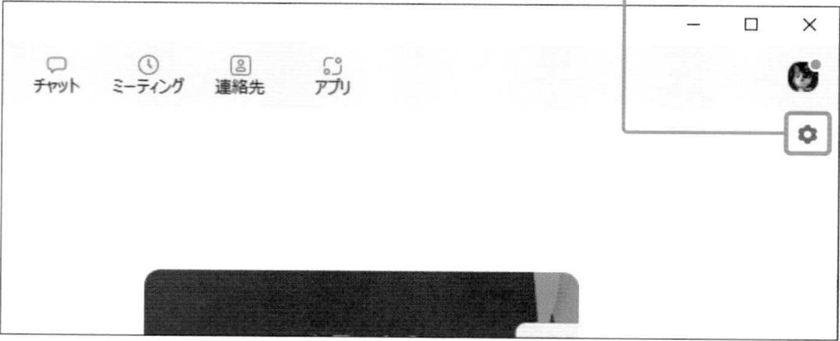

2 ［予定されているミーティングの○分前にお知らせてください］をクリックします。画面では5分前に通知されるように設定されています。

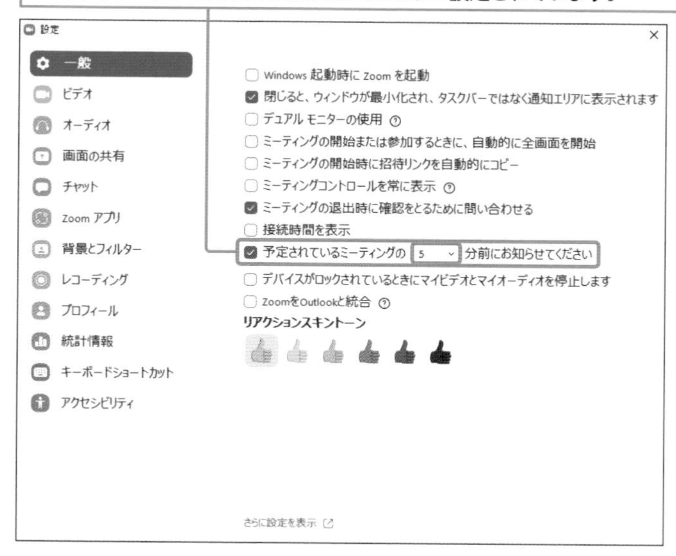

2 通知されるタイミングを変更する

1 ［予定されているミーティングの○分前にお知らせてください］の時間をクリックします。

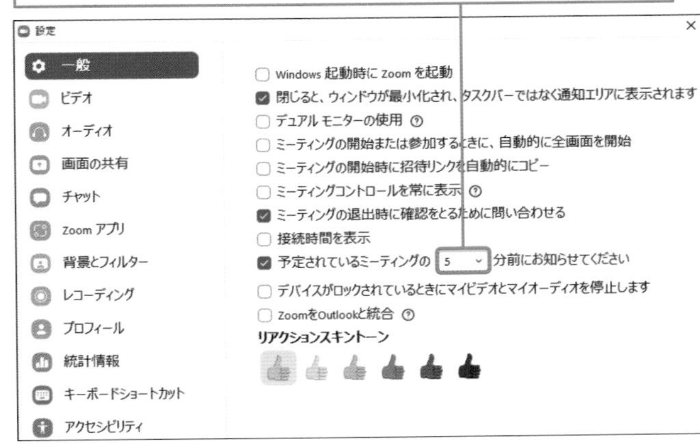

2 プルダウンメニューが開き、時間を変更できます。

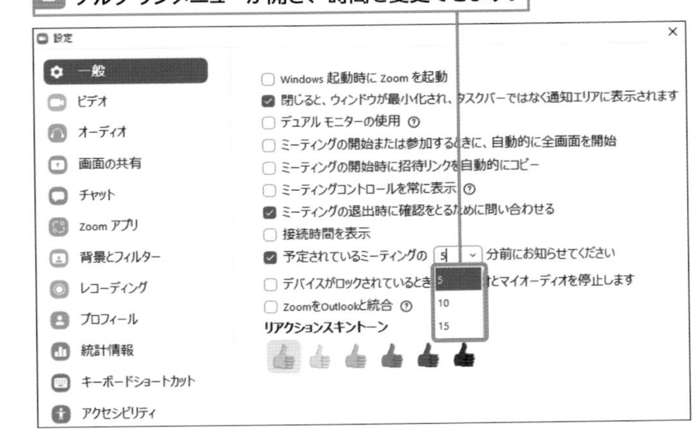

Memo 設定できる時間

設定できる時間は［5分前］［10分前］［15分前］の3つのみです。

Memo Google カレンダーとの連携

Googleカレンダーと連携している場合は、カレンダーで設定しているミーティングの通知設定で、通知を変更できます。初期設定では30分前に通知をしてくれますが、時間を変更したり、通知を追加したりすることもできます。

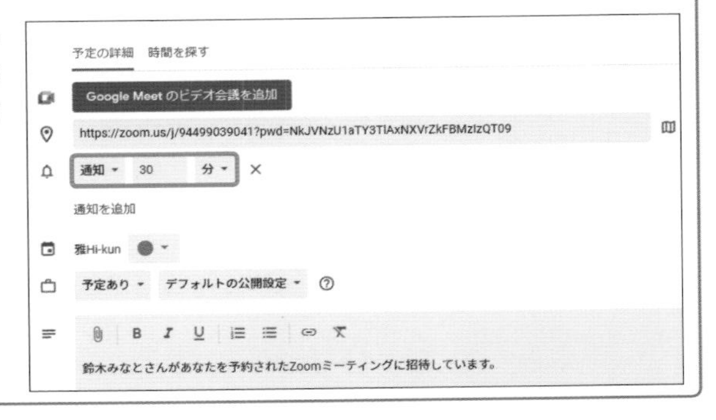

Section 63

ミーティング中は通知音をオフにしたい！

ここで学ぶのは

- ミーティング中の通知音
- チャットの通知音のオフ
- 取り込み中

ミーティング中にチャットの通知が届くと通知音が鳴ってしまう場合があります。スピーカーを使っている場合は通知音をマイクが拾ってしまうので、相手に聞こえてしまいます。ミーティング中は通知音が鳴らないように設定してみましょう。

1 ミーティング中のチャット通知音をオフにする

1 ホーム画面から、右上の歯車のアイコンをクリックします。

2 ［チャット］をクリックします。

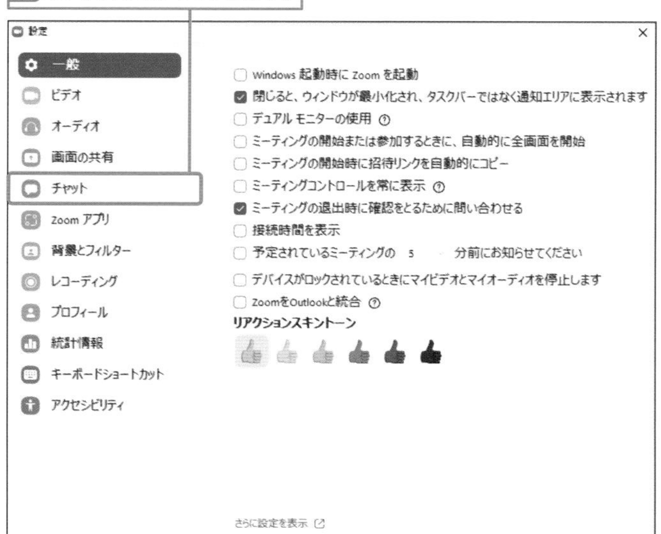

Memo チャンネルのチャットも通知が来る

初期設定では、ミーティングチャット以外にも、チャンネル内のチャットが来ると通知音が鳴ります。

Hint 通知音は変更できない

通知音は自分の好きな音に変更することができません。

Memo ヘッドホンで通知音を聞こえないようにする

通知音が相手に聞こえないようにするには、マイクがスピーカー音を拾わなければよいので、ヘッドホンを使えば通知音は相手に聞こえません。通知音が気になる場合はヘッドホンまたはイヤフォンを使いましょう。

Memo 取り込み中の設定

[取り込み中] をオンにして時間を指定すると、指定した時間内は通知が来なくなります（P.105参照）。

3 画面を下方向にスクロールします。

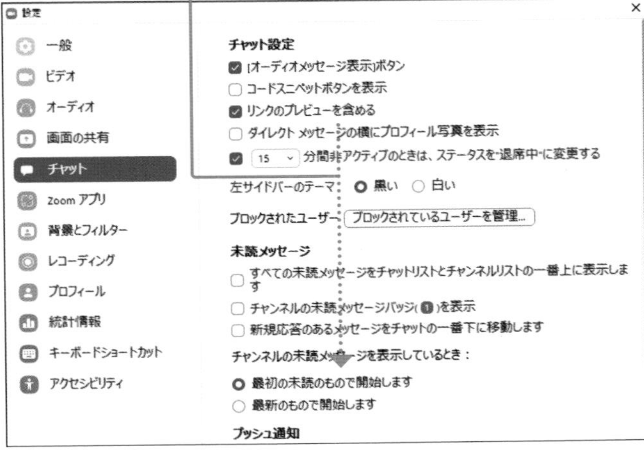

4 [ミーティング中あるいは内部呼び出し中にチャット通知をミュートにします]をクリックします。これでミーティングにチャットが来ても通知音が鳴らなくなります。

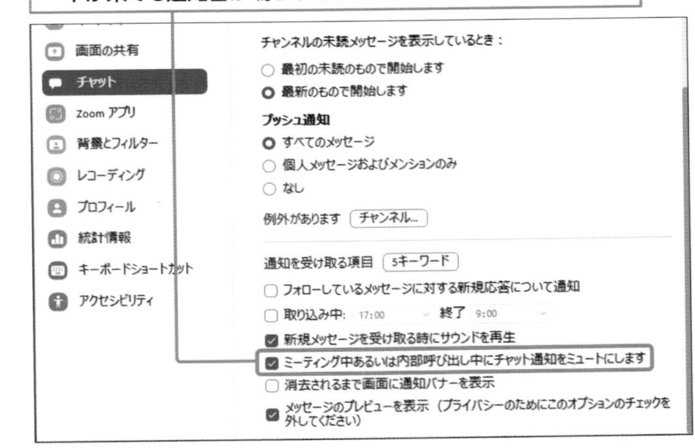

Memo キーワードを設定して通知

手順4で [キーワード] をクリックすると、キーワードを指定して通知を受け取ることができます。例えば「会議」や「日報」「売上」のように指定したキーワードを含むチャットが来た時の通知を受け取る設定です。キーワードは複数設定することができ、その場合は,（半角のカンマ）で区切ります。なお、「売り上げ」「売上」といったような表記揺れがある場合は両方登録しておきましょう。

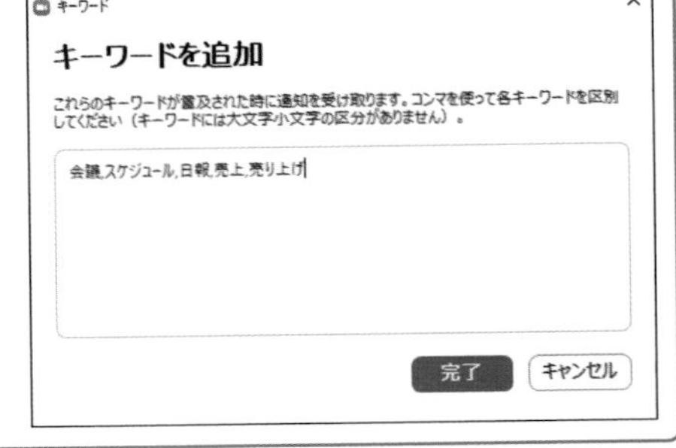

Section 64

未読のメッセージをわかりやすく表示したい！

ここで学ぶのは
- プッシュ通知
- 未読のメッセージ
- 表示順

チャットの未読メッセージが、ほかのメッセージによって流されてしまいわからなかったということがあります。未読のメッセージを上や下にしたり、バッジを付けたりしてわかりやすい表示になるように変更しましょう。

1 未読のメッセージの表示方法を変更する

1 ホーム画面から、右上の歯車のアイコンをクリックします。

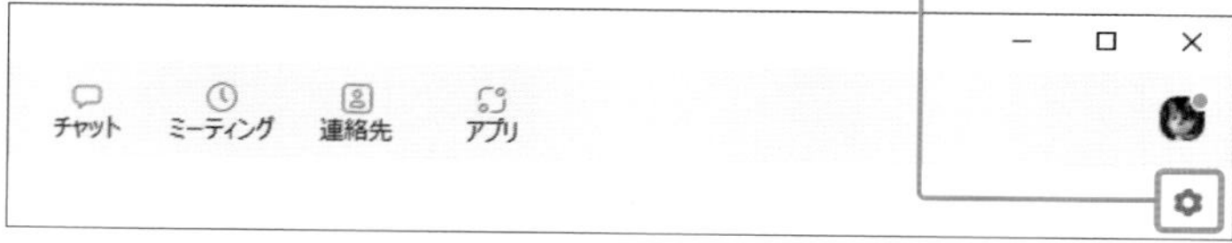

2 ［チャット］をクリックします。

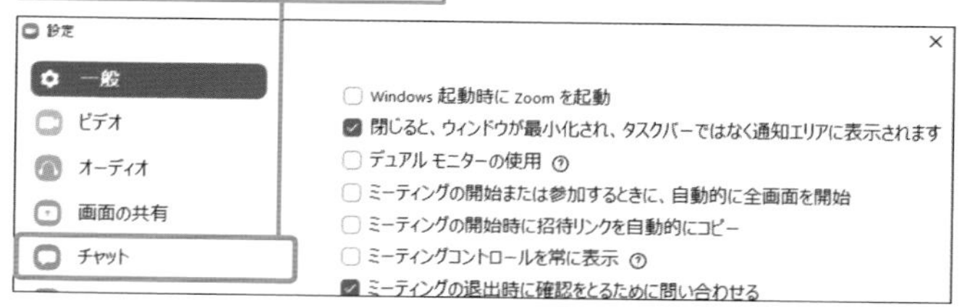

3 ［すべての未読メッセージをチャットリストとチャンネルリストの一番上に表示します］をクリックします。

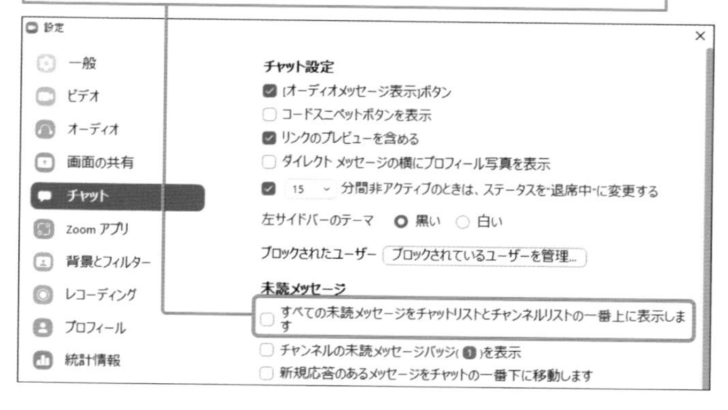

解説 プッシュ通知

通常ではすべてのメッセージでプッシュ通知が設定されており、即時に通知ができます。手順3の画面でプッシュ通知されるメッセージを設定したり、通知されないようにしたりすることができます。

解説 未読メッセージの表示

未読のチャットの順番も変更できます。［最初の未読のもので開始します］をオンにすると未読メッセージの中から古いものから表示され、［最新のもので開始します］をオンにすると新しいものから表示されます。

チャンネルの未読メッセージを表示しているとき：
- 最初の未読のもので開始します ─Ⓐ
- 最新のもので開始します ─Ⓑ

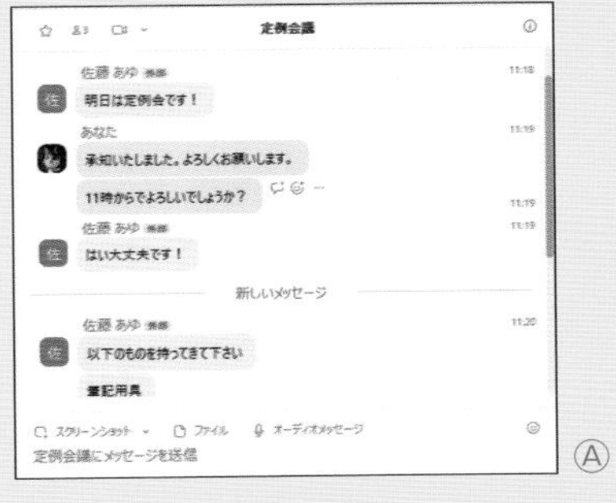

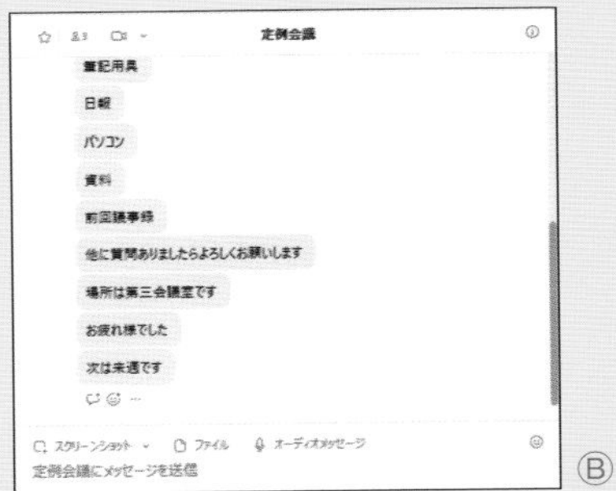

4 チャットやチャンネルで未読のメッセージがあるリストは一番上に表示されるようになります。

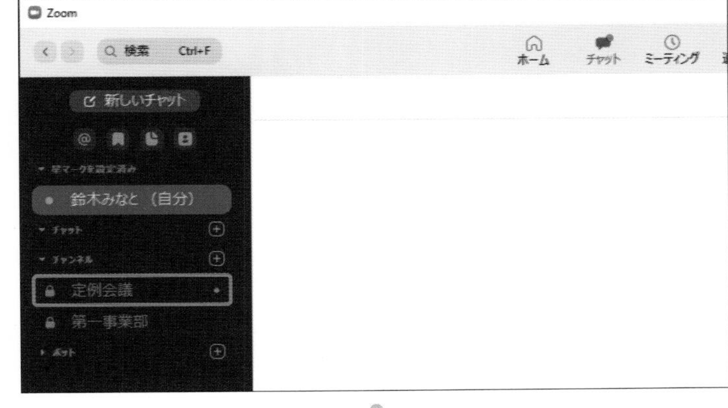

5 ［新規応答のあるメッセージをチャットの一番下に移動します］をクリックします。

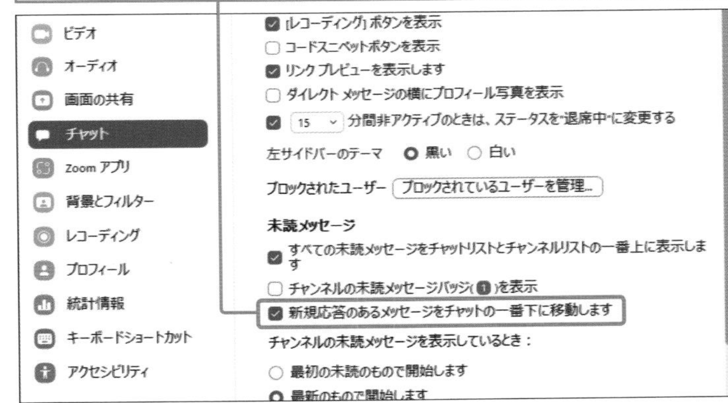

6 ミーティング中のチャット画面で未読のメッセージが、画面の一番下に表示されるようになります。

解説 チャンネルの未読メッセージバッジ

手順3の画面で［チャンネルの未読メッセージバッジを表示］をクリックすると、未読のあるチャンネルにバッジが付くようになります。

定例会議 1

Section 65

録画中にタイムスタンプを追加したい！

ここで学ぶのは

- ミーティングの録画
- タイムスタンプの追加
- 画面共有の録画

通常、録画をすると映像と音声のみが記録されます。しかしタイムスタンプを追加することで、「何月何日の何時にミーティングをした録画」ということが映像でわかるようになります。頻繁に録画を行う人や、後からビデオ会議を見直したい人は利用するとよいでしょう。

1 ミーティングの録画にタイムスタンプを追加する

Memo タイムスタンプは必ずしも追加しなくてもよい

タイムスタンプを追加すると、いつ行ったかがわかりやすいですが、普段のミーティングでは表示しなくても大丈夫です。また、もし録画を編集する必要がある場合は、かえって設定しない方がよいこともあります。必要に応じて設定しましょう。

Hint タイムスタンプのタイムゾーン

タイムスタンプに表示される時間はホストの人が設定しているタイムゾーンで表示されます。

1 ホーム画面から、右上の歯車のアイコンをクリックします。

2 ［レコーディング］をクリックします。

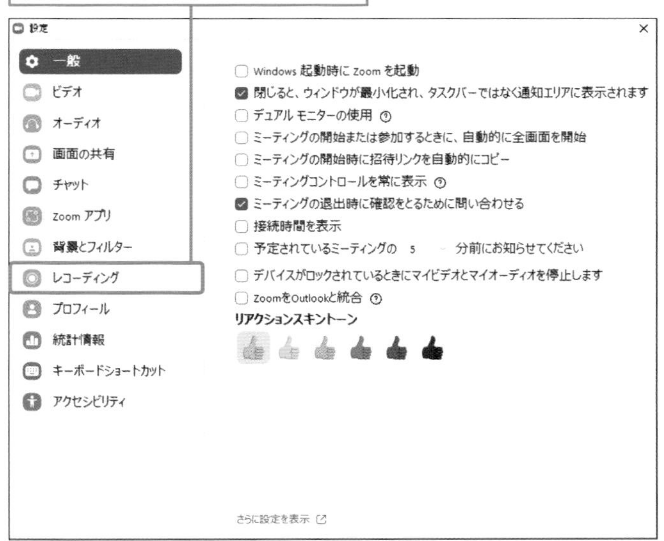

解説 サードパーティ用に最適化

手順3で［サードパーティビデオエディター用に最適化する］をオンにしておくと、サードパーティ製のビデオエディタと互換性のある形式で録画が保存されます。自身が扱うビデオエディタでデフォルトの録画が対応してない際にオンにしましょう。なお、この形式に設定するとファイルサイズが大きくなる可能性があります。

Hint 画面共有の録画

手順3で［画面共有時のビデオを録画する］をオンにしておくと、画面共有した画面も録画をしてくれます。

- ☐ サードパーティビデオエディター用に最適化する
- ☑ レコーディングにタイムスタンプを追加する
- ☑ 画面共有時のビデオを録画する
  - ☐ 録画中に共有された画面のとなりにビデオを移動してください
- ☐ 一時的なレコーディングファイルを保持

3 ［レコーディングにタイムスタンプを追加する］をクリックします。

設定

- 一般
- ビデオ
- オーディオ
- 画面の共有
- チャット
- Zoom アプリ
- 背景とフィルター
- レコーディング
- プロフィール
- 統計情報
- キーボードショートカット
- アクセシビリティ

ローカルレコーディング
録画の保存場所: D:\\Zoom 開く 変更
残り 1436 GB です。

- ☐ ミーティング終了時のレコードされたファイルの場所を選択します
- ☐ 各参加者の個別のオーディオファイルをレコーディングします
- ☐ サードパーティビデオエディター用に最適化する
- ☐ レコーディングにタイムスタンプを追加する
- ☑ 画面共有時のビデオを録画する
  - ☐ 録画中に共有された画面のとなりにビデオを移動してください
- ☐ 一時的なレコーディングファイルを保持

4 録画にタイムスタンプが追加されるようになります。

設定

- 一般
- ビデオ
- オーディオ
- 画面の共有
- チャット
- Zoom アプリ
- 背景とフィルター
- レコーディング
- プロフィール
- 統計情報
- キーボードショートカット
- アクセシビリティ

ローカルレコーディング
録画の保存場所: D:\\Zoom 開く 変更
残り 1436 GB です。

- ☐ ミーティング終了時のレコードされたファイルの場所を選択します
- ☐ 各参加者の個別のオーディオファイルをレコーディングします
- ☐ サードパーティビデオエディター用に最適化する
- ☑ レコーディングにタイムスタンプを追加する
- ☑ 画面共有時のビデオを録画する
  - ☐ 録画中に共有された画面のとなりにビデオを移動してください
- ☐ 一時的なレコーディングファイルを保持

5 録画を再生すると、右下に時間が表示されています。

Section 66

各話者の声を個別で録音したい！

ここで学ぶのは
- ミーティングの録音
- 個別録音
- 録音ファイル

大人数でのミーティングを録画する場合、大勢の人が同時にしゃべっていると音声が聞き取りづらい状態で録画されてしまいます。そういったときは各話者の音声を個別で録音する機能を使うと、別々で録音することができます。

1 各話者の声を個別で録音する

Hint 個別の録音はどういうときに使う？

個別録音は大人数での授業や英会話スクールなどで使われています。例えば、先生の声のみ抜き出して復習として利用するといった使い方ができるので、学習に集中できて便利です。

1 ホーム画面から、右上の歯車のアイコンをクリックします。

2 ［レコーディング］をクリックします。

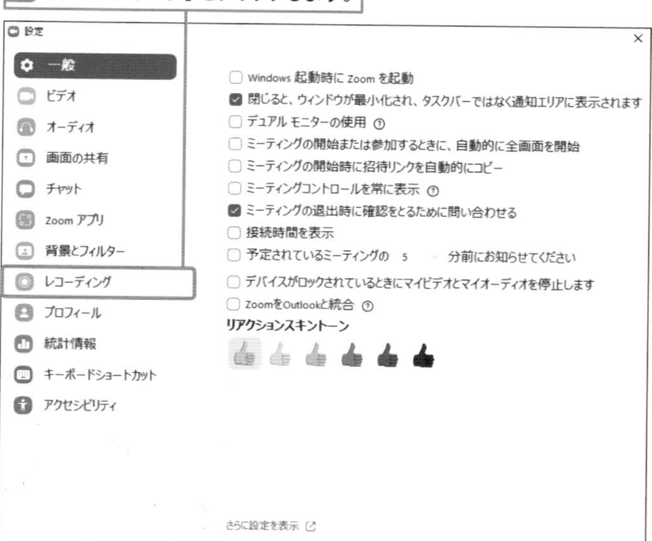

3 ［各参加者のオーディオファイルをレコーディングします］をクリックします。

4 各話者の音声を個別で録音できるようになります。

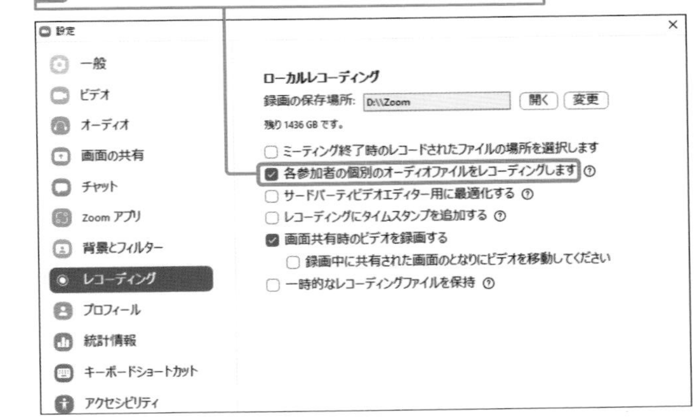

Memo 何人のミーティングから使える？

各話者の個別録音は3人以上から使え、部屋の最大人数まで利用可能です。

Memo 録音ファイル

各話者の個別録音したファイルはZoomの録画したファイルと同じ場所に保存されます。そのとき、フォルダーが自動で作成され、そこに保存されていきます。

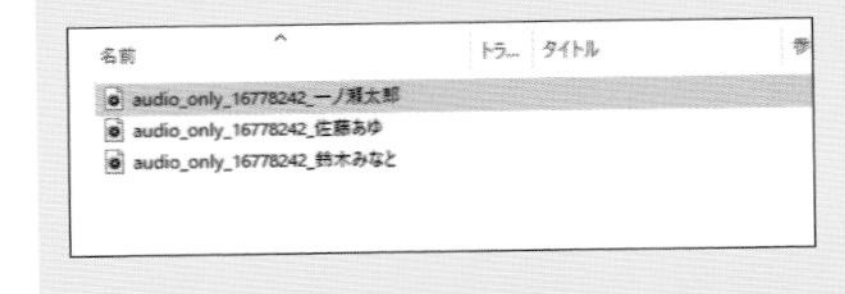

Memo 最大何人まで画面に映すことが可能？

Zoomでの大人数でのミーティングでは、画面に映す人数に限りがあります。通常では最大25人まで表示させることができますが、下記に記載されているパソコンの性能の条件を満たすと最大49人まで表示させることができます。

①	Windowsバージョン4.1.x.0122またはMac以降のZoomクライアント
②	Intel Core i7 または同等のCPU
③	単一モニタ用のデュアルコアプロセッサ
④	デュアルモニター用クワッドコアプロセッサ

Section 67

字幕の文字サイズを変更したい！

ここで学ぶのは
- ミーティングの字幕
- 文字サイズ
- チャットディスプレイサイズ

ミーティングで字幕設定をしている場合、字幕の文字サイズが小さくて見えないことがあります。あらかじめ設定から文字サイズを変更して大きくすることができます。

1 字幕の文字サイズを変更する

Hint ミーティングに字幕を設定する

ミーティングに字幕を設定することができます。 詳しくは、P.88を参照してください。

Memo チャットディスプレイサイズ

［チャットディスプレイサイズ］では、チャット画面の大きさを変更することができます。

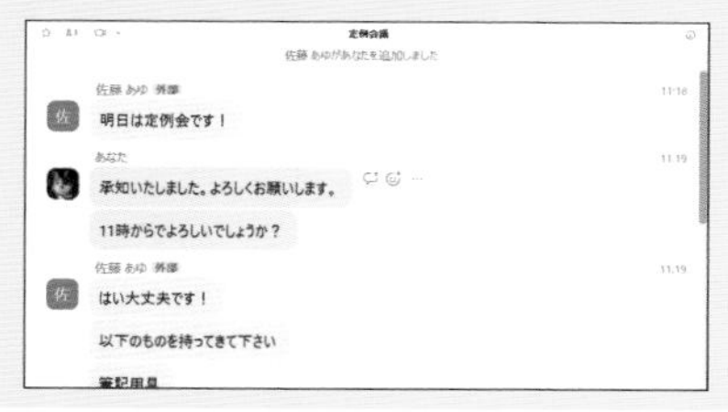

1 ホーム画面から、右上の歯車のアイコンをクリックします。

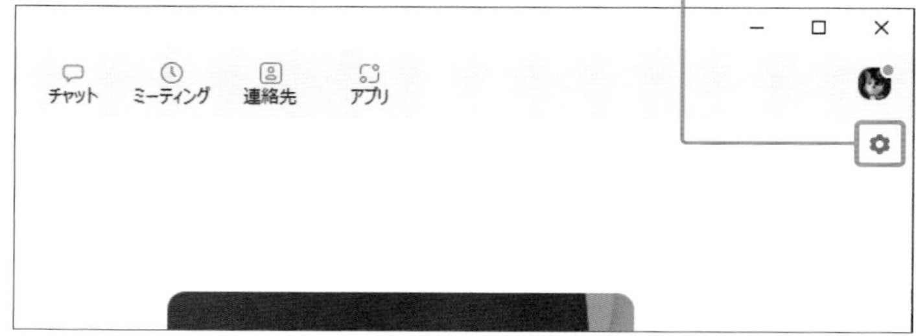

2 ［アクセシビリティ］をクリックします。

3 「字幕」の［フォントサイズ］のスライダーを左右にドラッグして、文字サイズを調整します。

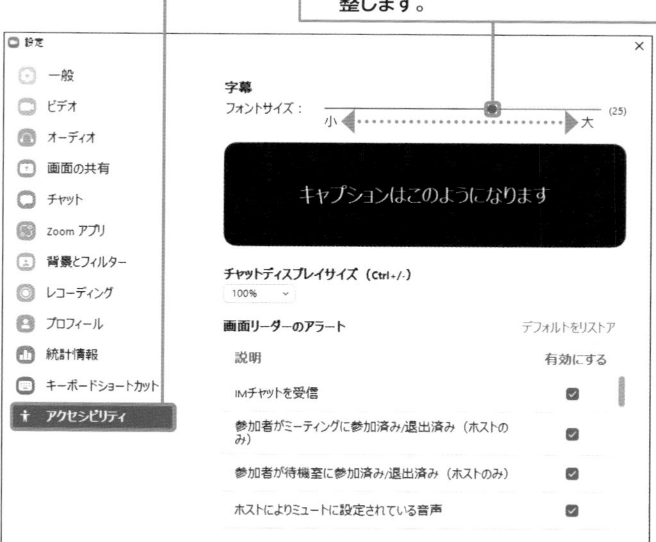

Section 68

パソコン起動時にZoomも自動的に起動させたい！

ここで学ぶのは

- パソコン起動時
- 自動で Zoom の起動
- Zoom の無音開始

Zoomの使用頻度が高い場合、パソコンを起動したと同時にZoomも起動するように設定しておくと便利です。わざわざデスクトップ画面などから起動する必要がなくなります。

1 パソコン起動時に Zoom を起動するように設定する

Memo Zoom を無音開始

手順2のあとで［Windows起動時にZoomを無音開始］をオンにすると、Zoomを無音で起動できます。

☑ Windows 起動時に Zoom を起動
☑ Windows起動時にZoomを無音開始
☐ 閉じると、ウィンドウが最小化され、タスクバーではなく通知エリアに表示されます
☐ デュアル モニターの使用

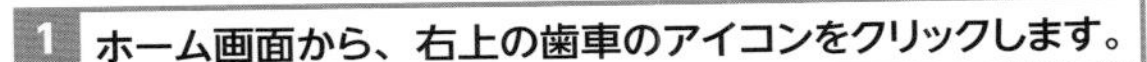

1 ホーム画面から、右上の歯車のアイコンをクリックします。

2 ［Windows起動時にZoomを起動］をクリックしてオンにします。

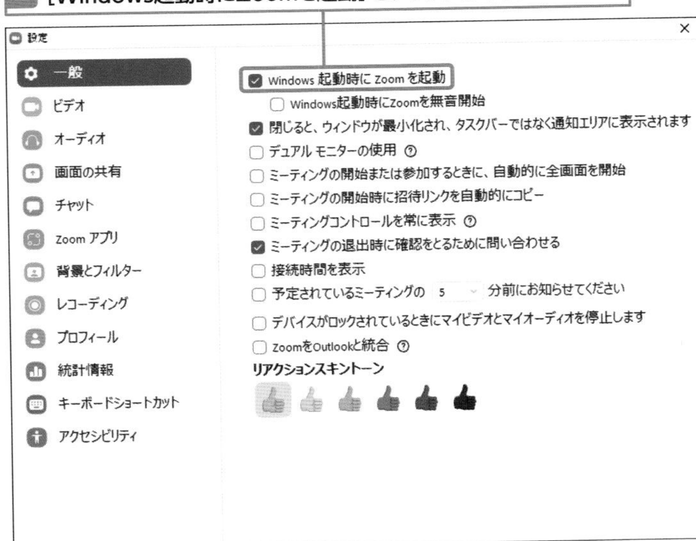

Section 69

Zoomのショートカット機能のオン・オフを切り替えたい！

ここで学ぶのは
- Zoomのショートカット
- 機能のオン・オフ
- デフォルトをリストア

Zoomには独自のショートカット機能があります。使用したいショートカットをオンにすることで使うことができるようになります。右ページの一覧表を確認し、便利なショートカットをオンにしておくとよいでしょう。

1 Zoomでのショートカットを設定する

Memo 初期設定に戻すには

手順2で［デフォルトをリストア］をクリックすると、ショートカット設定を初期状態に戻すことができます。Zoomをインストールしたままの設定では一部機能のみがオンになっています。

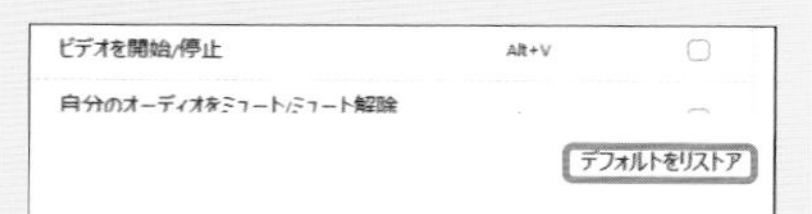

1 ホーム画面から、右上の歯車のアイコンをクリックします。

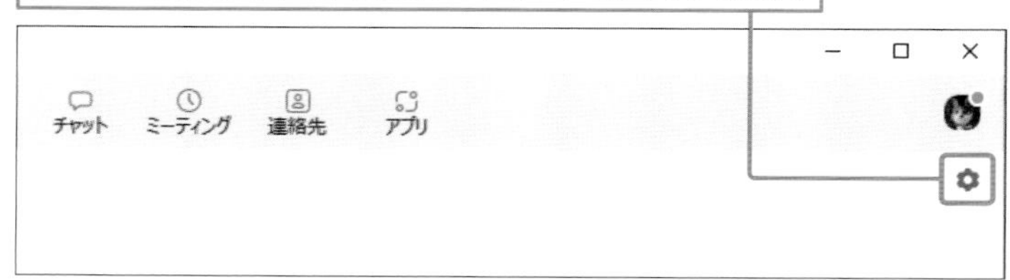

2 ［キーボードショートカット］をクリックします。

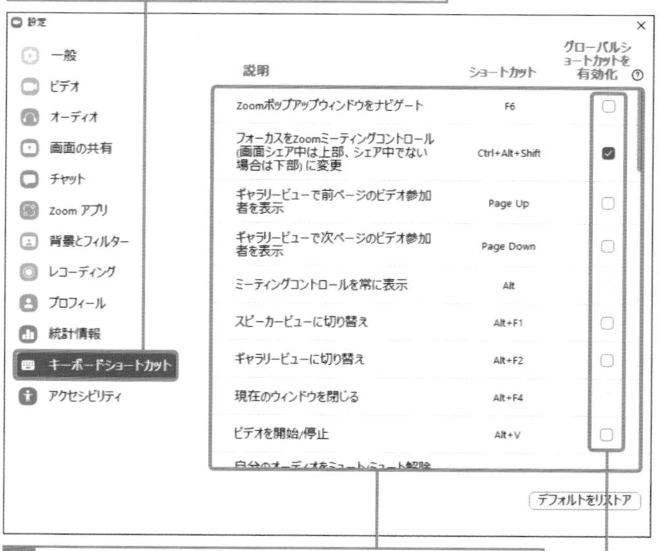

3 Zoomで使用できるショートカット一覧が表示されます。

4 ［グローバルショートカットを有効化］の欄をクリックしてオンにしたショートカットはZoomで使用できるようになります。

2 Zoom のショートカット一覧（抜粋）

一般

F6	Zoomポップアップウィンドウを操作する
Ctrl + Alt + Shift	Zoomミーティングコントロールを前面に表示する

ミーティング

PageUp	前の25件のビデオストリーミングをギャラリービューで表示する
PageDown	次の25件のビデオストリーミングをギャラリービューで表示する
Alt	一般設定の常にミーティングコントロールを表示するオプションをオン・オフにする
Alt + F1	スピーカービューに切り替える
Alt + F2	ギャラリービューに切り替える
Alt + F4	現在のウィンドウを閉じる
Alt + V	カメラを開始／停止する
Alt + A	マイクをミュート／解除する
Alt + M	ホスト以外の全員のマイクをミュート／解除する（ホストのみ）
Alt + S	画面共有を開始／停止する
Alt + Shift + S	新しい画面共有を開始／停止する
Alt + T	画面共有を一時停止／再開する
Alt + R	録画を開始／停止する
Alt + P	録画を一時停止／再開する
Alt + N	カメラを切り替える
Alt + H	チャットを表示／非表示にする
Alt + U	参加者パネルを表示／非表示にする
Alt + I	招待ウィンドウを開く
Alt + Y	挙手する／手を下げる

チャット

Alt + Shift + T	スクリーンショット
Alt + L	縦向き／横向き表示に切り替える
Ctrl + W	現在のチャットセッションを閉じる
Ctrl + PageUp	前のチャットに戻る
Ctrl + PageDown	次のチャットに進む
Ctrl + T	チャット画面にジャンプ
Ctrl + F	検索
Ctrl + Tab	次のタブに移動
Ctrl + Shift + Tab	前のタブに移動

索引

な行

は行

ま行

ら行

注意事項

- 本書に掲載されている情報は、2021年10月21日現在のものです。本書の発行後にZoomの機能や操作方法、画面が変更された場合は、本書の手順どおりに操作できなくなる可能性があります。
- 本書に掲載されている画面や手順は一例であり、すべての環境で同様に動作することを保証するものではありません。読者がお使いのパソコン環境、周辺機器、スマートフォンなどによって、紙面とは異なる画面、異なる手順となる場合があります。
- 読者固有の環境についてのお問い合わせ、本書の発行後に変更されたアプリ、インターネットのサービス等についてのお問い合わせにはお答えできない場合があります。あらかじめご了承ください。
- 本書に掲載されている手順以外についてのご質問は受け付けておりません。
- 本書の内容に関するお問い合わせに際して、編集部への電話によるお問い合わせはご遠慮ください。

本書サポートページ https://isbn2.sbcr.jp/12801/

著者紹介

相川 浩之（あいかわ ひろゆき）

大阪府出身。大学卒業後、地方の中小企業の営業や人事などを担当。ビデオ通話ソフトを使用した海外営業なども担当していた。
現在ではそのときの経験を活かして企業のテレワークのアドバイザーを行っており、自身も在宅からビジネス営業を行ったりもしている。

カバーデザイン　西垂水 敦（krran）
編集　鈴木 勇太、松島 慶

Zoom（ズーム）やさしい教科書（きょうかしょ）

2021年　12月1日　初版第1刷発行

著　者　相川 浩之（あいかわ ひろゆき）
発行者　小川 淳
発行所　SBクリエイティブ株式会社
〒106-0032 東京都港区六本木2-4-5
https://www.sbcr.jp/
印　刷　株式会社シナノ

落丁本、乱丁本は小社営業部（03-5549-1201）にてお取り替えいたします。
定価はカバーに記載されております。
Printed in Japan　ISBN978-4-8156-1280-1